21 世纪高职高专规划教材

计算机应用基础教程
（Windows 7+Office 2010）

主　编　吕润桃　张建军　谢海波

副主编　赵金考　赵志茹　孙　元　刘婧婧　宋丽萍

中国水利水电出版社
www.waterpub.com.cn

内 容 提 要

本书根据高等职业院校不同计算机专业对计算机基础教育的基本要求，以全国计算机等级考试一级 MS Office 考试大纲（2013 年版）为依据，以计算机的基本知识和基本技能的培养为主要内容，介绍当前主流办公软件的使用。

全书共分 6 章，分别是计算机基础知识、Windows 7 操作系统、文字处理软件 Word 2010、电子表格处理软件 Excel 2010、演示文稿制作软件 PowerPoint 2010、计算机网络基础。

本书适合作为高职高专院校计算机基础课程的教材，也可作为各类计算机基础培训用书。

图书在版编目（C I P）数据

计算机应用基础教程 : Windows 7+Office 2010 /
吕润桃，张建军，谢海波主编. -- 北京 : 中国水利水电
出版社，2013.9
21世纪高职高专规划教材
ISBN 978-7-5170-1240-5

Ⅰ. ①计… Ⅱ. ①吕… ②张… ③谢… Ⅲ. ①
Windows操作系统－高等职业教育－教材②办公自动化－应
用软件－高等职业教育－教材 Ⅳ. ①TP316.7②TP317.1

中国版本图书馆CIP数据核字(2013)第217125号

策划编辑：杨庆川　　责任编辑：陈 洁　　封面设计：李 佳

书　　名	21 世纪高职高专规划教材 **计算机应用基础教程（Windows 7+Office 2010）**	
作　　者	主　编　吕润桃　张建军　谢海波 副主编　赵金考　赵志茹　孙　元　刘婧婧　宋丽萍	
出版发行	中国水利水电出版社 （北京市海淀区玉渊潭南路 1 号 D 座　100038） 网址：www.waterpub.com.cn E-mail: mchannel@263.net（万水） 　　　　sales@waterpub.com.cn 电话：(010) 68367658（发行部）、82562819（万水）	
经　　售	北京科水图书销售中心（零售） 电话：(010) 88383994、63202643、68545874 全国各地新华书店和相关出版物销售网点	
排　　版	北京万水电子信息有限公司	
印　　刷	三河市鑫金马印装有限公司	
规　　格	184mm×260mm　16 开本　13.25 印张　334 千字	
版　　次	2013 年 9 月第 1 版　2013 年 9 月第 1 次印刷	
印　　数	0001—5000 册	
定　　价	26.00 元	

前　言

　　计算机技术是当今世界发展最快和应用最广泛的科技领域。随着信息技术的飞速发展，计算机应用的基础知识已经成为现代社会人们必修的基本文化课程，也是现代大学生的最基本的文化素养。加强学校的计算机基础教育，在全社会普及计算机应用的基本知识和技能，是一项十分紧迫的任务。本书正是为适应计算机应用的快速发展和学校教学的需要而编写的。

　　本书根据高等职业院校不同专业对计算机基础教育的基本要求，以全国计算机等级考试一级 MS Office 考试大纲（2013 年版）为依据，以计算机的基本知识和基本技能的培养为主要内容，是许多在一线教学的教师多年的教学经验总结；主要介绍当前主流办公软件的使用。本书语言简练、内容全面、深度适当、实例丰富。通过这些软件的学习，培养学生触类旁通、举一反三、不断获取计算机新知识和新技能的能力。

　　全书共分为 6 章，分别是计算机基础知识、Windows 7 操作系统、文字处理软件 Word 2010、电子表格处理软件 Excel 2010、演示文稿制作软件 PowerPoint 2010、计算机网络基础。

　　本书由包头轻工职业技术学院吕润桃、张建军、谢海波任主编，赵金考、赵志茹、孙元、刘婧婧、宋丽萍任副主编，参与本书编写的人员还有王宏斌、张尼奇、戴春燕、张庆玲、李瑛、韩耀坤、郭洪兵、刘伟、卜月胜、孙丽、石芳堂、于慧凝、陈慧英、陆洲、李彦玲、张英芬、方森辉。

　　书中不免有疏漏之处，敬请广大读者提出宝贵意见和建议。

编　者

2013 年 7 月

目　录

第1章 计算机基础知识

1.1 信息与计算机应用

电子计算机发明于 20 世纪 40 年代，在当今社会的各个领域中正在发挥着越来越大的作用。概括地说，计算机是一种能进行高速运算和操作、具有内部存储能力并由程序控制运算和操作过程的电子设备。随着计算机技术和应用的发展，计算机已经成为人们进行信息处理的一种必不可少的工具。下面先来了解一下有关信息的内容。

1.1.1 信息

究竟什么是信息（Information）？有关信息的准确概念至今也没有定论，有一些说法或许能帮助我们来理解和体会信息的含义："信息是对现实世界中存在的客观实体、现象、关系进行描述的数据"；"信息是消息"；"信息是知识"；"信息是经过加工后并对实体的行为产生影响的数据"等。据此可以认为，信息是一个社会概念，它是人类共享的一切知识及客观加工提炼出的各种消息的总和。

目前，信息已成为一门学科，受到自然和社会两大科学领域专家们的重视。由此产生了信息技术（Information Technology，缩写为 IT），它主要包括信息处理技术和信息传输技术。信息技术主要是由计算机硬件技术、软件技术和通信技术三大部分组成，其中包含了信息的产生、检测、变换、存储、传递、处理、显示、识别、提取、控制和利用等具体内容。

1.1.2 信息与计算机

计算机从其诞生到发展，它的高效性和精确性的特点增强了人们对它的依赖性。以计算机为核心的信息作为一种崭新的生产力，正在向社会的各个领域渗透，其应用已经遍及世界各地，深入到人类活动的各个领域。有关专家预言：计算机将是继自然语言、数学之后而成为第三位的、对人类一生都有很大用处的"通用智力工具"，用还是不用这个工具，对人的智能的发挥和发展是不一样的。

1.2 计算机发展与应用

1.2.1 计算机发展史

世界上第一台电子计算机是在 1946 年由美国宾夕法尼亚大学附属莫尔电工学校的物理学家莫克利（Mauchly）首先研制成功的，被命名为"电子数字积分器和计数器"，英文名为 Electronic Numerical Integrator And Calculator，简称 ENIAC。

自从第一台电子计算机问世至今，计算机的研究、生产和应用得到迅猛发展，若从计算机所用的逻辑元件来划分，计算机的发展经历了电子管、晶体管、集成电路、大规模和超大规模集成电路等不同的发展阶段。在整个发展过程中，计算机不仅在体积、重量和消耗功率等方面显著减少，而且在硬件、软件技术方面有极大的发展。因而，计算机在功能、运算速度、存储容量和可靠性等方面得到了迅速的提高。

当代的计算机是以大规模和超大规模集成电路为基础发展起来的，这就是我们常说的微型计算机（Micro-Computer），又称个人计算机（Personal Computer），是以微处理器芯片为核心构成的计算机。它既有计算机的普遍性，又有一般计算机所无法比拟的特性，如体积小、线路先进、组装灵活、使用方便、价廉、省电、对工作环境要求不高等，深受用户的喜爱。

近几年来，计算机得到广泛的普及和应用，从而加快了信息技术革命，使人类进入信息时代。多媒体技术的应用，实现了文字、声音、图形、图像等数据的再现和传输；Internet 把世界联成一体，形成信息高速公路。从发展趋势看，未来的计算机将是计算机技术、微电子技术、光学技术、超导技术和电子仿生技术等相互结合的产物，将会发展到一个更高、更先进的水平。

1.2.2　计算机的特点及分类

1. 计算机的主要特点

（1）运算速度快。

计算机的运算速度指计算机在单位时间内执行指令的平均速度，可以用每秒钟能完成多少次操作或每秒钟执行多少条指令来描述。现已达到每秒上百亿次。

（2）计算精确度高。

计算机中的精确度主要表现为数据表示的位数，位数越多精度越高。

（3）具有"记忆"和逻辑判断能力。

计算机不仅能进行计算，而且还可以把原始数据、中间结果、运算指令等信息存储起来，供用户使用。计算机还能在运算过程中随时进行各种逻辑判断，并根据判断的结果自动决定下一步执行的命令。

（4）程序运行自动化。

用户在把程序送入计算机后，计算机就在程序的控制下自动完成全部的内部操作运算并输出运算结果，不需要人的干预。

2. 计算机的分类

随着计算机的发展和应用，计算机呈现出多样化，根据计算机数据处理的方式、用途和规模不同有以下常用分类方式。

按处理的对象不同可分为模拟计算机、数字计算机和数模混合计算机；根据计算机的用途不同可分为通用计算机和专用计算机；按计算机的规模可分为巨型机、大型机、小型机和微型机（个人计算机，即 PC 机）。

1.2.3　计算机的应用领域及发展

1. 计算机的应用领域

（1）科学研究与科学计算。包括各种算法研究。特别是在高新技术领域，如核能研究中的模拟和计算、带有放射性研究工作的控制与操作、新材料的研究和生产、分子生物学的深入研究与数据处理、空间技术的发展等。

（2）事务处理。如办公自动化（OA），包括电子文件系统、电子邮件（E-mail）系统、远距离会议系统、金融系统、医疗卫生系统、刑侦、家庭事务处理等。

（3）计算机辅助功能。如计算机辅助设计（CAD）、计算机辅助教学（CAI）、辅助制造（CAM）及计算机集成制造系统（Computer Integrated Manufacturing System，CIMS）等。

（4）生产过程控制。主要用于制造业，如用于处理连续生产系统的过程控制，像石油化工、能源的生产过程；用于监控和调度生产线操作的生产控制；用于机械加工中心按规定自动生产的数字控制等。

（5）人工智能。包括机器人、专家系统（ES）等。

（6）计算机网络通信。如 Internet 的广泛使用。

（7）多媒体技术。如影像处理与传输、交互式学习、工程设计、建筑设计、音乐作曲与编辑、医疗卫生等。

2．计算机的发展

（1）巨型化。

巨型机的研制水平，可以衡量整个国家的科技能力。我国在 1985 年成功制造出运算速度为 10 亿次的"银河-Ⅱ"，1997 年研制出运算速度为 130 亿次的"银河-Ⅲ"，在 2009 年研制成功了我国首台千万亿次超级计算机系统"天河一号"。实现了我国自主研制超级计算机能力从百万亿次到千万亿次的跨越，使我国成为继美国之后世界上第二个能够研制千万亿次超级计算机的国家。

（2）微型化。

随着微电子技术和超大规模集成电路的发展，计算机的体积趋向微型化，微机得到了普及。现在市场上随处可见笔记本电脑、掌上电脑、手表电脑、手机电脑等。

（3）网络化。

现代信息社会的发展趋势就是实现资源共享，即利用计算机和通信技术，将各个地区的计算机互联起来，形成一个规模巨大、功能强大的计算机网络，使信息能得到快速、高效的传递。在 1999 年意大利梅洛公司推出了世界上第一台通过互联网和 GSM 无线网控制的商业化洗衣机，机主可以通过移动电话遥控洗衣机。专家预测在未来 10 年里，含计算机在内的家电网络化可能普及。

（4）多媒体化。

现代计算机不仅用来进行计算，还能处理声音、图像、文字、视频和音频信号。

（5）智能化。

智能化是让计算机具有模拟人的感觉和思维过程的能力。比如各种机器人。

1.3 计算机系统的组成

计算机是一种不需要人工直接干预、能够对各种信息进行高速处理和存储的电子设备。一个完整的计算机系统是由硬件和软件两大系统组成，如图 1.1 所示。

1.3.1 微机的硬件系统

一般讲，微型计算机硬件系统包括：主机、外存储器、输入设备、输出设备。

1．主机

微型计算机系统主要由中央处理器、内存储器和主板三大部分组成。

（1）中央处理器（CPU），是计算机系统的核心，主要由控制器和运算器组成。其中，控制器是微机的指挥与控制中心，主要作用是控制管理微机系统。它按照程序指令的操作要求向微机的各个部分发出控制信号，使整个微机协调一致地工作。运算器是对数据进行加工处理的部件，负责完成各种算术运算和逻辑运算、进行比较等。CPU 的性能主要决定于它在每个时钟周期内处理数据的能力和时钟频率（即主频）。目前的 CPU 供应商主要有 Intel、AMD 和威盛这三大公司，图 1.2 所示为 Intel 公司和 AMD 公司两款 CPU 的外观。

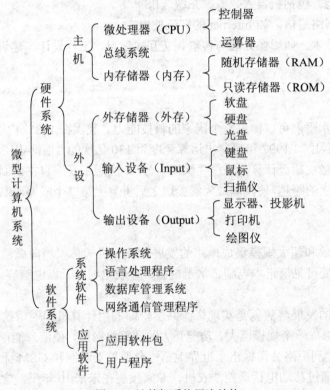

图 1.1　计算机系统层次结构

图 1.2　CPU

　　（2）内存储器，是 CPU 可以直接访问的存储器。它由许多存储单元组成，每个存储单元用来存放数据或程序代码。为了有效地存取该单元内存储的内容，每个单元必须有唯一的编号来标识，此编号称为存储单元的地址。内存容量是计算机性能的又一个重要指标，内存越大，"记忆"能力越强，程序运行的速度也越快。内存容量的大小通常用字节（Byte）表示，一个存储单元就是一个字节，而一个字节是由 8 个二进制位组成的。位（bit）是计算机存储数据的最小单位，表示一位二进制数（即 0 或 1）。内存储器由只读存储器（ROM）和随机存储器（RAM）两部分组成。ROM 内的信息只能读取，断电后信息不会丢失。RAM 内的信息可随时读取或写入，断电后信息就会丢失。目前内存的标准容量有 256MB、512MB、1GB，甚至更大，典型的内存条如图 1.3 所示。

图 1.3　内存条

（3）主板，是计算机的关键部件之一，主板上的 CPU、内存插槽、总线扩展槽、芯片组，以及 ROM BIOS 决定了这台计算机的档次。主板安装在计算机机箱内，作用是把计算机中的各个部件紧密联系在一起，是计算机稳定运行的重要保障之一。一种典型的主板如图 1.4 所示。

图 1.4　一种典型的主板

2. 外存储器

外存储器，如硬盘、软盘、U 盘、光盘等，一般用来存储要长期保存的各种程序和数据。外存不能为 CPU 直接访问，其存储的信息必须先调入内存储器，然后才被计算机执行。它与内存储器合称为存储器。下面是部分外存储器的外观图，如图 1.5 和图 1.6 所示。

图 1.5　硬盘

图 1.6   U 盘

3. 输入设备

输入设备是向计算机中输入信息的设备。常用的输入设备有键盘、鼠标、图形扫描仪、数码摄像机和数码照相机等。下面是部分输入设备的外观图，如图 1.7 至图 1.11 所示。

图 1.7   光电鼠标、机械鼠标

图 1.8   键盘

图 1.9   扫描仪

图 1.10 数码摄像机

图 1.11 数码照相机

4. 输入设备

输出设备是把计算机处理的结果输出的设备。常用的输出设备有显示器、打印机（有针式、激光和喷墨）、绘图仪等。下面是部分输出设备的外观图，如图 1.12 至图 1.14 所示。

图 1.12 显示器

图 1.13 打印机

图 1.14 绘图仪

5. 总线

微机系统总线是微机系统中 CPU、内存储器和外部设备之间传送信息的公用通道。包括：

（1）数据总线（Data Bus）用于在 CPU、存储器和输入输出设备间传送数据。它的宽度反映 CPU 一次接收数据的能力。

（2）地址总线（Address Bus）用于传送存储单元或输入输出接口地址信息。它的宽度反映一个计算机系统的最大内存容量。不同的 CPU 芯片，地址总线的宽度不同。

（3）控制总线（Control Bus）用于传送控制器的信号。

1.3.2　微机的软件系统

计算机软件系统可以分为系统软件和应用软件。

1. 系统软件

系统软件是用来运行、维护和管理计算机的软件。一般包括操作系统、诊断程序、程序设计语言、语言处理程序、数据库管理系统和网络通信管理程序等。

操作系统是一些程序的集合，它的功能是统一管理和控制计算机系统资源，提高计算机工作效率，同时方便用户使用计算机。它是用户与计算机之间的联系纽带，用户通过操作系统提供的各种命令使用计算机。它具体有五大功能：中央处理器管理、存储器管理、设备管理、文件管理和作业管理。

诊断程序是计算机管理人员用来检查和判断计算机系统故障，并确定发生故障的器件位置的专用程序。

程序设计语言是用来编写程序的计算机语言。可分为三大类：机器语言、汇编语言和高级语言。机器语言是用二进制代码指令（由 0 和 1 组成的计算机可以识别的代码）来表示各种操作的计算机语言，能被计算机直接识别并执行；汇编语言是一种用助记符号表示指令的程序设计语言；习惯上，我们也将机器语言和汇编语言合称为低级语言。高级语言是接近于人类自然语言和数学语言的程序设计语言，它是独立于具体的计算机而面向过程的计算机语言。用后两种语言编制的程序，必须通过相应的语言处理程序，将它转换成相应的机器语言，才能被计算机执行。

语言处理程序包括汇编程序、编译程序、解释程序。汇编程序是把用汇编语言编写的汇编语言源程序翻译成机器语言的程序。编译程序和解释程序的功能是对用高级语言编写成的源程序成批或逐条指令翻译成计算机可以执行的代码。不同点是编译程序产生目标代码程序，执行速度较快。

数据库管理系统是一套软件，它是操纵和管理数据库的工具。

网络通信管理程序是用于计算机网络系统中的通信管理软件，其作用是控制信息的传送和接收。

2. 应用软件

应用软件是直接服务于用户的程序系统，一般分为两类：一类是为特定需要开发的实用程序，如民航订票系统、辅助教学软件等；另一类是为了方便用户使用而提供的软件工具，如 Photoshop、Excel、Word、AutoCAD 等。

硬件和软件之间的关系如图 1.15 所示。

1.3.3　微机的主要性能指标

1. 字长

计算机处理信息是按字进行的。也就是说，字（Word）是计算机一次存取、运算和传送的数据长度，一个字由一个或多个字节组成。而字长是一个字中所包含的二进制位数的多少。字长直接关系到计算机的性能、用途和应用范围，决定了计算机运算的精度和寻址能力。不同计算机系统内的字长是不同的。目前，常见的有 16 位、32 位和 64 位，即指 16 位机、32 位机（如 486）和 64 位机。

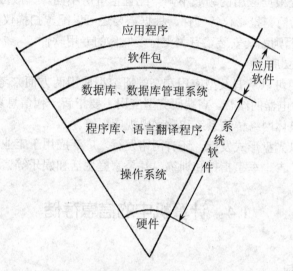

图 1.15 软件、硬件之间的层次关系

2. 存储器容量

容量是衡量存储器所能容纳信息量多少的指标，度量单位是 Byte，简记为 B（字节）。用来表示存储容量的单位还有 KB、MB、GB 和 TB，其换算关系为：1B=8b，1KB=1024B，1MB=1024KB，1GB=1024MB，其中 $1024=2^{10}$。

寻址能力是衡量微处理器允许最大内存容量的指标。内存容量的大小决定了可运行的程序大小和程序运行效率。外存容量的大小决定了整个微机系统存取数据、文件和记录的能力。存储容量越大，所能运行的软件功能越丰富，信息处理能力也就越强。

3. 时钟频率（主频）

时钟频率，在很大程度上决定了计算机的运算速度。时钟频率的单位是兆赫兹（MHz）。各种微处理器的时钟频率不同。时钟频率越高，运算速度越快。

4. 运算速度

运算速度是衡量计算机进行数值计算或信息处理的快慢程度，用计算机 1 秒钟所能完成的运算次数来表示，度量单位是"次/秒"。

5. 存取周期

存储器完成一次存（写）或取（读）信息所需的时间称为存储器的存取（访问）时间。连续两次读（或写）所需的最短时间，称为存储器的存取周期。存取周期越短，则存取速度越快。

1.3.4 计算机多媒体系统

1. 多媒体技术

多媒体就是能够同时获取、处理、编辑、存储和展示两个以上不同类型信息媒体的技术，包括声音、文字、图形、图像、动画、视频等各种信息媒体。在计算机领域中的"多媒体"一词，不是指多媒体本身，主要是指应用和处理多媒体的一整套技术，即计算机多媒体技术就是利用计算机技术综合处理各种信息媒体的新技术。它具有集成性、交互性、数字化和实时性的特点。

2．计算机多媒体系统的组成

计算机多媒体系统根据应用的领域不同，配置也有所不同。一般应该配置有声卡、通信卡、摄像机、音响、话筒、投影仪等硬件，根据需要还可以配置扫描仪、数码相机、打印机、Modem 等，而软件方面则配套安装了有关支持多媒体的专用软件。

3．多媒体技术的应用

多媒体技术的应用可以从普及型应用和高端研究型应用两方面来考虑。普及型应用主要是计算机、网络与家用电器的结合。高端研究型应用主要指新一代信息系统的建立，如多媒体演示系统的制作、多媒体网络传输系统和数字电视应用等。

多媒体作品一般以光盘形式发行，还有网络发行。广泛应用于工业生产管理、学校教育、公共信息咨询、商业广告、军事指挥和训练、甚至家庭生活和娱乐等诸多领域。

1.4 计算机中的信息存储

1.4.1 进位计数制

进位计数制，是指按进位的方法进行计数的数制，简称进制。它有数码、基数和位权 3 个要素。数码是一组用来表示某种数制的符号；基数是数制所使用的数码个数，常用"R"表示，称 R 进制；位权是指数码在不同位置上的权值。

1．进位计数制的特点

（1）逢 R 进一。

按照基数 R 的不同值，进位计数制有十进制、二进制、八进制和十六进制四种，例如，十进制由 0～9 十个数字符号组成，基数为 10，逢十进一。

（2）采用位权表示法。

各种进制中位权的值恰好是基数的若干次幂，每一位的数码与该位"位权"的乘积表示该位数值的大小。根据这一特点，任何一种进制表示的数都可以写成按位权展开的多项式之和。

位权和基数是进位计数制中的两个基本概念。在计算机中常用的进位计数制是二进制、八进制和十六进制，其中二进制用得最广泛。

2．进位计数制的表示方法

对于任意进位计数制，数 N 可表示为：

$$N=\pm[(K_{n-1}\times(R)^{n-1}+K_{n-2}\times(R)^{n-2}+\ldots+K_1\times(R)^1+K_0\times(R)^0+K_{-1}\times(R)^{-1}+K_{-2}\times(R)^{-2}+\ldots+K_{-m}\times(R)^{-m})]$$

$$=\pm\sum_{i=-m}^{n-1}K_iR^i$$

式中 n、m 分别是数 N 的整数和小数的位数，K_i 则是 0，1，…，（R-1）中的任何一个；R 是基数，采用"逢 R 进一"的原则进行计数。

例如，在十进制计数制中，123.45 可以表示为：

$$(123.45)_{10}=1\times(10)^2+2\times(10)^1+3\times(10)^0+4\times(10)^{-1}+5\times(10)^{-2}$$

而在八进制计数制中，则表示为：

$$(123.45)_8 = 1 \times (8)^2 + 2 \times (8)^1 + 3 \times (8)^0 + 4 \times (8)^{-1} + 5 \times (8)^{-2}$$

（1）二进制（Binary Notation）。

在计算机内部任何信息的存放和处理，均采用二进制数的形式。对于二进制数（R=2），每一位上只有 0 和 1 两个数码状态，基数为"2"，采用"逢二进一"的计数原则。为便于区别，可在二进制数后加"B"，表示前边的数是二进制数。二进制有非、与、或三大逻辑运算。

（2）八进制。

对于八进制数（R=8），每一位上有 0～7 八个数码状态，基数为"8"，采用"逢八进一"的计数原则进行计数。为便于区别，可在八进制数后加"Q"，表示前边的数是八进制数。

（3）十六进制。

微型机中内存地址的编址、可显示的 ASCII 码、汇编语言源程序中的地址信息和数值信息等都采用十六进制数表示。对于十六进制数（R=16），每一位上有 0，1，…，9，A，B，C，D，E，F 等 16 个数码状态，基数为"16"，采用"逢十六进一"的计数原则。为便于区别，可在十六进制数后加"H"，表示前边的数是十六进制数。

常用的几种进位计数制表示数的方法及其对应关系，如表 1.1 所示。

表 1.1　常用进制对照表

十进制	二进制	八进制	十六进制	十进制	二进制	八进制	十六进制
0	0	0	0	8	1000	10	8
1	1	1	1	9	1001	11	9
2	10	2	2	10	1010	12	A
3	11	3	3	11	1011	13	B
4	100	4	4	12	1100	14	C
5	101	5	5	13	1101	15	D
6	110	6	6	14	1110	16	E
7	111	7	7	15	1111	17	F

3. 不同进位计数制之间的转换

（1）R 进制数（二、八、十六进制）转换成十进制数。

将非十进制数转换成十进制数采用"位权法"，即把非十进制数按权展开再相加。

例 1.1　将 $(10011.101)_2$ 转换成十进制数。

解：$(10011.101)_2 = 1 \times (2)^4 + 0 \times (2)^3 + 0 \times (2)^2 + 1 \times (2)^1 + 1 \times (2)^0 + 1 \times (2)^{-1} + 0 \times (2)^{-2} + 1 \times (2)^{-3}$

$$= 16 + 2 + 1 + 0.5 + 0.125$$

$$= (19.625)_{10}$$

例 1.2　将 $(115.3)_8$ 转换成十进制数。

解：$(115.3)_8 = 1 \times (8)^2 + 1 \times (8)^1 + 5 \times (8)^0 + 3 \times (8)^{-1}$

$$= 64 + 8 + 5 + 0.375$$

$$= (77.375)_{10}$$

例 1.3　将 $(1BF.A)_{16}$ 转换成十进制数。

解：$(1BF.A)_{16} = 1 \times (16)^2 + 11 \times (16)^1 + 15 \times (16)^0 + 10 \times (16)^{-1}$

$$=256+176+15+0.625$$
$$=(447.625)_{10}$$

（2）十进制数转换成 R 进制数（二、八、十六进制）。

十进制数向 R 进制数转换，整数部分和小数部分的转换方法是不相同的，需要分别进行转换。如果一个数同时有整数部分和小数部分，则把分别转换后的整数部分和小数部分连接在一起就可以了。

①整数部分的转换。

通常采用除 R 取余法。所谓除 R 取余法，就是将该十进制数反复除以 R，每次相除后，得到的余数为对应 R 进制数的相应位。首次除法得到的余数是 R 进制数的最低位，最末一次除法得到的余数是 R 进制数的最高位；从低位到高位逐次进行，直到商是 0 为止。若第一次除法所得到余数为 K_0，最后一次为 K_{n-1}，则 $K_{n-1}\cdots K_1K_0$ 即为所求的 R 进制数。

例 1.4　将 $(17)_{10}$ 分别转换成二、八、十六进制数。

解：利用除 R 取余法，将 $(17)_{10}$ 转换成二进制数，此时 R=2。

```
2 | 17          ……………………余 1（K₀）
   2 | 8        ……………………余 0（K₁）
      2 | 4     ……………………余 0（K₂）
         2 | 2  ……………………余 0（K₃）
            2 | 1……………………余 1（K₄）
               0
```

结果：$(17)_{10}=(K_4K_3K_2K_1K_0)=(10001)_2$

以同样的方法可得出：$(17)_{10}=(21)_8$、$(17)_{10}=(11)_{16}$，请读者自行完成转换过程。

②小数部分的转换。

通常用乘 R 取整法。所谓乘 R 取整法，就是将十进制纯小数反复乘以 R，每次乘 R 后，所得新数的整数部分为 R 进制纯小数的相应位。从高位向低位逐次进行，直到满足精度要求或乘 R 后的小数部分是 0 为止；第一次乘 R 所得的整数部为 K_{-1}，最后一次为 K_m；转换后，所得的纯 R 进制小数为 0，K_{-1}，K_{-2}，…，K_m。

例 1.5　将 $(0.135)_{10}$ 转换成相应的二、八、十六进制数（保留三位小数即可）。

解：利用乘 R 取整法，将 $(0.135)_{10}$ 转换成二进制数，此时 R=2。

乘 2　　　　　　　　　　取整数部分

$0.135\times2=0.270$……………………0（K_{-1}）

$0.27\times2=0.54$……………………0（K_{-2}）

$0.54\times2=1.08$……………………1（K_{-3}）

$0.08\times2=0.16$……………………0（K_{-4}）

结果：$(0.135)_{10}=(0.0010)_2$

以同样的方法可得出：$(0.135)_{10}=(0.105)_8$、$(0.135)_{10}=(0.225)_{16}$ 请读者自行完成转换过程。

选次乘 2 的过程可能是有限的，也可能是无限的。因此，十进制纯小数不一定都能转换成完全等值的二进制纯小数。当乘 2 后能使代表小数的部分等于零时，转换即告结束；当乘 2 后小数部分总是不等于零时，转换过程将是无限的。遇到这种情况时，应根据精度要求取近似值。

（3）非十进制数之间的转换。

① 二进制数与八进制数之间的转换。

由于 $2^3=8$，八进制数的一位相当于 3 位二进制数。因此，将二进制数转换成八进制数时，只需以小数点为界，分别向左、向右，每三位二进制数分为一组，不足三位时用 0 补足三位（整数在高位补零，小数在低位补零）。然后将每组分别用对应的一位八进制数替换，即可完成转换。

例 1.6 把 $(11010101.0100101)_2$ 转换成八进制数。

解：$(11010101.0100101)_2=(325.224)_8$

对于八进制数转换成二进制数，只要将每位八进制数用相应的三位二进制数替换，即可完成转换。

例 1.7 把 $(51.24)_8$ 转换成二进制数。

解：$(51.24)_8=(101001.010100)_2$

② 二进制数与十六进制数之间的转换。

由于 $2^4=16$，一位十六进制数相当于四位二进制数。对于二进制数转换成十六进制数，只需以小数点为界，分别向左、向右，每四位二进制数分为一组，不足四位时用 0 补足四位（整数在高位补零，小数在低位补零），然后将每组分别用对应的一位十六进制数替换，即可完成转换。

例 1.8 把 $(1010101.01111)_2$ 转换成十六进制数。

解：$(1010101.01111)_2=(55.78)_{16}$

对于十六进制数转换成二进制数，只要将每位十六进制数用相应的四位二进制数替换，即可完成转换。

例 1.9 把十六进制数 $(1C5.1B)_{16}$ 转换成二进制数。

解：$(1C5.1B)_{16}=(111000101.00011011)_2$

③ 八进制数与十六进制数之间的转换。

二者之间不能直接转换，须通过二进制的中转来完成。

1.4.2 信息的编码

计算机只识别二进制数，它处理的数据有数值型的也有非数值型的。所谓数据（Data）是人们能感知到的事实，经过收集、整理的数据构成了可供人们使用的信息（Information）。

1. 数字的编码

BCD（Binary Code Decimal）码是用 4 位二进制数中的 10 个数代表十进制数中 0～9 的编码方式。常用的是 8421BCD 码。例如，对于 $(294)_{10}$ 的编码如下：

十进制数	2	9	4
8421 编码	0010	1001	0100

2. 字符编码

字符是计算机的主要处理对象，在计算机中也是以二进制代码的形式来表示字符的。ASCII 码（American Standard Code for Information Enterchange，美国标准信息交换码）是目前在微型计算机中最普遍采用的字符编码。

ASCII 码用一个字节（最高位为 0）中的后七位二进制数进行编码，可以表示 128 个字符。其中包括 10 个数码（0~9），52 个大、小写英文字母（A~Z，a~z），32 个标点符号、运算符和 34 个控制码等。ASCII 码字符表见附录 B。

若要确定一个数字、字母、符号或控制字符的 ASCII 码，在 ASCII 码表中要先查出其位置，然后确定所在位置对应的列和行。根据确定所查字符的高 3 位编码，根据行确定所查字符的低 4 位编码，将高 3 位编码与低 4 位编码连在一起，即是所要查字符的 ASCII 码。

例如，字母 A 的 ASCII 码为 1000001（相当于十进制数 65），字母 a 的 ASCII 码为 1100001（相当于十进制数 97）等。

3. 汉字编码

用计算机处理汉字时，必须先对汉字进行编码。按照计算机对汉字的输入、处理、输出三个不同阶段，汉字的编码相应地划分为三种：

（1）汉字输入码。汉字输入码是将汉字输入到计算机时对汉字的编码。汉字数量大，无法用一个字节来区分汉字。因此，汉字通常采用两个字节来编码。若用每个字节的最高位来区别是汉字编码还是 ASCII 编码，则每个字节还有七位可供汉字编码使用。采用这种方法进行汉字编码，共有 128×128=16384 种状态。又由于每个字节的低七位中不能再用控制字符位，只能有 94 个可编码。因此，只能表示 94×94=8836 种状态。

我国于 1981 年公布了国家标准 GB2312-80，即信息交换用汉字编码字符基本集。这个基本集收录的汉字共 6763 个，分为两级。第一级汉字为 3755 个，属常用字，按汉语拼音排列；第二级汉字为 3008 个，属非常用字，按偏旁部首排列。汉字编码表共有 94 行（区）、94 列（位）。其行号称为区号，列号称为位号。用第一个字节表示区号，第二个字节表示位号，一共可表示汉字 6763 个汉字，加上一般符号、数字和各种字母，共计 7445 个。

为了使中文信息和西文信息相互兼容，用字节的最高位来区分西文或汉字。通常字节的最高位为 0 时表示 ASCII 码；为 1 时表示汉字。可以用第一字节的最高位为 1 表示汉字，也可以用两个字节的最高位为 1 表示汉字。目前采用较多的是用两个字节的最高位都为 1 时表示汉字。

（2）汉字的内码。汉字的内码（机内码）是在计算机内部对汉字进行存储、传输和加工时所用的统一机内编码，包括西文 ASCII 码。机内码编码规则是：在一个汉字的国标码上加十六进制数 8080H。例如，汉字"啊"的国标码为 3021H，其机内码为 B0A1H（3021H+8080H=B0A1H）。

（3）汉字字形码。汉字字形码记录汉字的外形，是汉字的输出形式。记录汉字字形通常有两种方法：点阵法和矢量法，分别对应两种字形编码：点阵码和矢量码。所有的不同字体、字号的汉字字形构成汉字库。

点阵码根据输出汉字的要求不同，点阵的多少也不同，常见有 16×16、24×24、32×32、48×48 或更高。点阵越高，占用的存储空间也越大，一个 16×16 点阵的汉字要占用 32 个字节（因为 16×16÷8=32），一个 32×32 点阵的汉字则占用 128 个字节。正因为如此，它只能用来构成汉字字库，不能用于机内存储。汉字字库中存储了每个汉字的点阵代码，只有在显示输出汉字时才检索字库，输出字模点阵得到汉字字形。

1.4.3　图像的存储

图像的存储与汉字的存储一样，也是由很多点阵组成的，分为位图和矢量图两种。

以位图方式存储图像需要存储图像的横向和纵向点的数量，以及所有行列中每个点（即像素）的信息，每个点对应存储图像文件中位图的"位"。在计算机显示器中，每个像素的色彩都是由计算机中的红、绿、蓝三原色数量的多少决定的（例如：白色的 RGB 均为 255）。位图方式保存的是组成图像的全部点的信息，所以一幅数码相片占用的存储空间非常大，大约可存储一百万个汉字。同时，由于像素的数量没有变，当位图被放大或缩小时，图像的分辨率就会降低，图像的外观就大受影响。在实际应用中，位图图像一般都采用压缩技术来存储。

矢量图是用矢量代替位图中的"位。"这种存储方式不再对全部像素逐个存储，而是用矢量给图的关键几何部分作标记。比如，一幅正方形红色矢量图，存储原理是用计算机语言调用调色板描述颜色红色背景，再用带矢量的数学公式来描述正方形的四个顶点和边长及粗细、颜色等，在缩放图形时，只需把公式中的矢量变量的参数修改即可，图像也不会失真。除了这个优点外，矢量图不需要将图像每一点的状态记录下来，这样占用的存储空间也相对位图方式小很多。对于数码相片中的无几何规则的图像，如人物等，就很难用矢量图方式保存，所以基本上还是采用位图方式存储图像信息。

1.4.4 声音的存储

声音都是不规则波形，计算机存储声音的方法是把声波以间隔相等的时间片进行"采样"后存储。每秒时间内采样的次数称为"采样率"，用 bit/s 表示。Windows 声音文件中采样率最低为 8000 bit/s，即每秒采样 8000 次。但这也只能适用于普通声音，如遇上高音就显得不够了。

日常生活中，把 CD 中的音乐转换成 MP3 格式的声音文件，要想获得最佳声音效果，就必须选择采样率比较高的选项，不足是转换后的文件要占用更多存储空间。

1.5 微机的基本操作

1.5.1 开机与关机

在确认微机系统中各设备已经正确安装和连接，所用的交流电源符合要求之后，才能进行开机操作。

开机的一般顺序是：先开外部设备（如显示器、打印机等），后打开主机电源开关。

关机的顺序与开机相反，一般顺序是：先从软盘驱动器或 CD-ROM 中取出软盘或光盘，然后再关主机电源，最后关闭外部设备（显示器、打印机等）的电源。

关机前，应先退出当前正在操作的软件系统，以免丢失数据信息或破坏系统配置。

1.5.2 键盘的基本操作

键盘是向计算机输入信息的必备工具之一，是微机系统的一个重要输入设备。常用键盘结构如图 1.16 所示。

键盘可以分为四个区：

（1）功能键区：在键盘的最上边一排，共有 12 个功能键，标为 F1～F12。

（2）打字机键盘区：在键盘的左边部分，是标准的打字机主键盘，包括字符键和一些特殊功能键。

（3）编辑键区：在键盘的中间部分，包括光标移动键、插入/删除键、起始/终止键、上翻/下翻键等 10 个键。

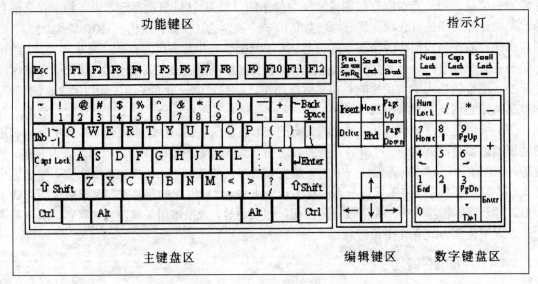

图 1.16　常用的键盘结构图

（4）数字键盘区：在键盘的右边部分，是一个 16 键的小键盘，包括数字键、光标移动键、数字锁定键、插入/删除键等。

键盘上各键的功能和作用是由软件来定义的。因此，在不同软件环境下各键的功能不尽相同。用户在使用中要注意。

1. 主键盘的使用

主键盘包括键盘上的功能键区、打字机键盘区和编辑键区三部分。

（1）键名及其功能。

①字符键。

包括 26 个英文字母（A~Z），10 个数字（0~9）和一些符号键。按下某个键，键面上的字母或符号就显示在屏幕当前光标位置上。每按一下显示一个字符，当按下某键的时间超过0.5 秒后，屏幕将以每秒 10 个字符的速度重复显示该字符。

当键面上同时有上、下两档字符时，该键称为双字符键。当按下该字符键时显示下档字符；当按住 Shift 键后，再按下该字符键，则显示上档字符。

键盘下方最长的键为空格键，每按一下光标右移一格，产生一个空字符位置。

②控制键。

包括下列键：

● Shift 键：上挡键。同时按下 Shift 键和双字符键，显示该双字符键的上挡字符。同时按下 Shift 键和字母键，显示大写字母。

例如：同时按住 Shift 键和 9 键，屏幕上显示符号"("；单独按 9 键时，屏幕显示数字 9。按 A 键时，显示小写字母 a；同时按住 Shift 键和 A 键，显示大写字母 A。

● Enter（或 Return）键：回车键。回车键表示一个命令的结束，并解释执行输入的内容。

例如：C>DIR（回车）表示命令 DIR 输入结束，执行 DIR 命令。

● Backspace（或←）键：退格键。每按一次，屏幕上光标左移一位，同时删除所经过的一个字符。

- Esc 键：取消键。按下 Esc 键，屏幕显示"/"，废除当前行的输入，光标下移一行，等待新的输入。
- Caps Lock 键：大小写字母转换键。单击该键，则键盘右上角的<Caps Lock>灯亮，以后键入的字母均以大写形式出现；再按一下则灯灭，字母恢复小写状态。
- Tab 键：制表键。每按一次，光标右移 4 个空格。也可以自定义。
- Ctrl 键：控制键。不单独使用，与其他键组合使用时产生特殊功能。
- Alt 键：互换键。不单独使用，与其他键组合使用时产生特殊功能。

③ 组合控制键。

键盘上的 Ctrl、Alt、Shift 三个键常与其他键一起组合使用，其中 Ctrl 键使用最多。用"+"号连接需要同时按下的两个或三个键，其中排前的键优先按下，最后的键按下后全部松开。

以下是常用的组合键：

- Ctrl+Alt+Del：对系统进行热启动。
- Ctrl+NumLock：暂停屏幕当前正在滚动的显示，按任意键后继续。
- Ctrl+Break：中断当前命令或程序的执行（或 Ctrl+C）。
- Ctrl+Prtsc：联机打印。按奇数次接通打印机，把屏幕上显示的内容全部输出给打印机；按偶数次断开打印机（或 Ctrl+P）。
- Shift+Prtsc：屏幕复制。把屏幕当前显示的全部内容送到打印机上输出。
- Alt+ Prtsc：当前窗口的复制。

④ 编辑键。

- ↑键：光标上移键。将光标上移一行。
- ↓键：光标下移键。将光标下移一行。
- ←键：光标左移键。将光标左移一个字符位置。如果光标超出屏幕的左边界，光标将跳到上一行的行末位置。
- →键：光标右移键。将光标右移一个字符位置。如果光标超出屏幕的右边界，光标将跳到下一行的行首位置。
- Ins（Insert）键：插入键。按一下后，进入插入状态，其后输入的字符插入光标所在位置，其余字符向右移；再按该键，则取消插入状态。
- Del（Delete）键：删除键。按一下，删除光标所在位置的字符，其余字符相应左移一个字符位置。
- Home 键：起始键。使光标移到行首。
- End 键：终止键。使光标移到行尾。
- PgUp 键：上翻键。向上翻一页。
- PgDn 键：下翻键。向下翻一页。

（2）键盘的指法和操作。

键盘是人与计算机打交道的必不可少的设备之一。各种命令、程序和数据的录入都离不开键盘，必须掌握键盘的正确指法。如图 1.17 所示。

操作时，右手管理主键盘右半部分，左手管理主键盘左部分。键盘分四排（空格键所在行除外）。其中，26 个英文字母键中比较常用的 7 个字母键和一个分号（；）排成一排，作为基准键。这 8 个键又称定位键，即 A、S、D、F 和 J、K、L、；。其中左手小指、无名指、中指、食指分别负责 A、S、D、F 键；右手食指、中指、无名指、小指分别负责 J、K、L、；键。击键时，以基准键位为参考点，每个手指负责前后 4 排 4 个或 8 个键位（仅限食指），实行分工击键，击键后立即恢复到基准键位。击键时要手指垂直键位，轻击轻放。

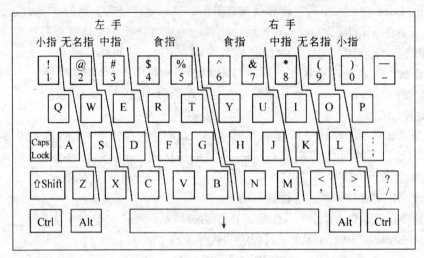

图 1.17   主键盘的指法分工

2. 数字键盘的使用

数字键盘位于键盘的右侧，一般用右手操作。

（1）键名及其位置。

数字小键盘区的左上角有一个 NumLock 键——数字锁定键，按一下该键，对应的指示灯亮（NumLock 的上方），表示选择数字小键盘的数字输入功能；再按一下，对应的指示灯灭，表示选择数字小键盘的编辑功能。数字小键盘有两种用途：一是使用其数字输入功能；二是使用其编辑功能，在进行全屏幕编辑时使光标位置上、下、左、右自由移动。

在选择了小键盘的编辑功能后，小键盘的双字符则选取了下挡字符值，即：Ins、Del、Home、End、PgUp、PgDn 等。

另外，小键盘上还有＋、－、×、÷等运算符号键，小数点"."和回车键 Enter 等。

（2）数字小键盘的操作方法。

数字小键盘的操作完全由右手管理。纯数字输入或编辑时，右手食指、中指、无名指应分别轻放在 4、5、6 字键上，即把这三个键作为三个手指的基准键，而小指置于加号键的位置。各手指具体分工，如表 1-2 所示，数字 0 可由食指兼管。小数点可由无名指兼管。在小键盘上与数字同在一个键上的编辑符，也用该数字键同一手指管理。

表 1-2   数字小键盘上的指法分工

食指	中指	无名指	小指
NumLock	/	*	—
7	8	9	+
4	5	6	
1	2	3	Enter
0			

在输入乘号和除号时，可由中指或无名指向上延伸，兼管*键和/键。NumLock 键由食指兼管。在数学计算或编辑时，如果要同时利用主键盘上的键而右手又难以离开数字小键盘时，可由左手协助完成击键任务。

3．功能键的使用

在键盘的上方有 12 个功能键（F1～F12）。功能键的功能可以由用户定义，与其他键组合可具有更多的功能，如编辑、显示、运行、修改程序和文件等。操作者应注意它们在不同软件支持下的不同定义。

1.6　计算机病毒及防治

1.6.1　计算机病毒概述

所谓计算机病毒，就是一些人为地编制的程序，寄生在磁盘的引导区或某些类型的程序中，干扰计算机的正常工作，造成死机，甚至摧毁整个计算机系统。另外，在读写磁盘或在网络中传送信息时，它会互相传递，互相传染。

计算机病毒实质上是一种具有传染能力和破坏能力的程序，绝大部分的计算机病毒出自于软件专家和"超级电脑迷"之手。这就是我们常说的"黑客"。

1.6.2　计算机病毒的特点、症状及破坏性

1．计算机病毒的特点

计算机病毒一般具有以下几个特点：

（1）寄生性。计算机病毒通常是隐藏的，用户看不到，只能借助于杀毒软件来清除。

（2）传染性。计算机病毒能够主动将自身的复制品或变种传染到其他对象上，从而达到传染的目的。

（3）潜伏性。计算机病毒入侵后，一般不会立即发作，而是经过一定时间满足一定条件后才发作。

（4）破坏性。无论何种计算机病毒一旦侵入系统都会对操作系统的运行造成不同程度的影响。如占用大量系统资源、删除文件或是摧毁系统等，干扰机器正常运行。

2．计算机病毒症状

当以下情况发生时，计算机可能感染了病毒：

（1）显示器显示异常。如屏幕上出现异常图形等。

（2）计算机系统异常。如异常死机；读写速度缓慢；内存无故变小；磁盘或文件无故被破坏；复制文件时无故延长时间等。

（3）打印机异常。如打印速度缓慢、打印机出现乱码等。

（4）打开某网页时，自动弹出许多网页。

（5）系统不能识别 U 盘或者不能正常读取 U 盘中的文件。

除了上述情况外，还有许多症状，不一一列举。

3．计算机病毒的破坏性

计算机病毒常常产生以下破坏作用：

（1）破坏文件分配表。

（2）扰乱屏幕。

（3）破坏文件的相关属性。

（4）对磁盘格式化。

（5）破坏键盘输入。

（6）破坏内存。

（7）破坏打印机内存等。

1.6.3　常见的计算机病毒

1. 宏病毒

它主要是利用软件本身所提供的宏能力来设计病毒，凡是具有宏能力的软件都有宏病毒存在的可能性。如 Word、Excel、Amipro 都相继传出宏病毒危害的事件。

2. 引导型病毒

这类病毒隐藏在硬盘或软盘的引导区，当计算机启动时，病毒就开始发作。

3. 脚本病毒

这类病毒依赖一种特殊的脚本语言（如 VBScript）起作用，同时需要主软件或应用环境能够正确识别和翻译这种脚本语言中嵌套的命令。

4. 文件型病毒

这类病毒通常寄生在可执行文档（如*.EXE，*.COM）中。当这些文件被被执行时，病毒的程序就跟着被执行。

1.6.4　计算机病毒的防治与清除

1. 计算机病毒的预防

防止病毒的入侵要比病毒入侵后再去发现和排除更为重要，因此防治病毒的关键是做好预防工作。预防工作要从以下几方面入手：

（1）对公用机房要制定严格的管理制度。慎用 U 盘，确保数据干净。

（2）对重要数据应经常性的做好备份。

（3）系统引导固定。

（4）尽量避免使用来路不明的磁盘和文件，在打开 U 盘之前，先用 U 盘专杀工具杀毒。

（5）改变文件属性，将所有命令文件（.COM）改为只读性文件，可以防止某些病毒的攻击。

（6）为计算机系统安装病毒防火墙。

（7）不随便打开来路不明的电子邮件。

（8）不随意下载和安装不必要的软件。

（9）不访问非法的、不健康的网站。

2. 病毒的清除

计算机一旦染上病毒，一般用杀毒软件来清除。如果病毒不能彻底地清除，也可以把硬盘格式化，重装系统。

目前，常用的清除病毒软件有 360、卡巴斯基、诺顿、金山毒霸、瑞星、江民等。

1.6.5 计算机信息安全技术与安全法规

1. 信息安全技术

信息安全是一门涉及计算机科学、网络技术、通信技术、密码技术、应用数学和信息论等多种学科的综合性学科。信息安全技术可分为两个方面：一是计算机系统安全；二是计算机数据安全。常见的信息安全技术有加密技术、访问控制技术、数字认证技术、防火墙技术和虚拟专用网技术。

2. 信息安全法规

计算机犯罪是一种高技术犯罪，其特点是作案时间短、可异地远距离作案、可不留痕迹、隐蔽性强危害性大。对有些犯罪行为，传统刑法难以定罪量刑，为此我国在刑法修正案中增加了制裁计算机犯罪的法律法规，如《中华人民共和国计算机软件保护条例》、《中华人民共和国计算机信息系统安全保护条例》、《中华人民共和国计算机信息网络国际联网管理暂行办法》和《中华人民共和国电信条例》等。

习题 1

1. 计算机是由几部分组成的？每一部分的功能是什么？
2. 计算机存储容量的单位有哪些？相互之间是如何进行换算的？
3. 指出以下 ASCⅡ 码表示什么字符。
 （1）0111001 （2）0100100 （3）1000000 （4）0110000 （5）1100001
4. 微机的主要性能指标有哪些？
5. 将$(01101111)_2$分别转换为十进制、八进制、十六进制数。
6. 将$(34.18)_{10}$分别转换为二进制、八进制、十六进制数。
7. 将$(12)_8$和$(15)_{16}$分别转换为二进制、八进制、十进制数。
8. 怎样预防和清除计算机病毒？

第 2 章　Windows 7 操作系统

操作系统（Operating System，简称 OS）是管理电脑硬件与软件资源的程序，同时也是计算机系统的内核与基石。操作系统身负诸如管理与配置内存、决定系统资源供需的优先次序、控制输入与输出设备、操作网络与管理文件系统等基本事务。操作系统是管理计算机系统的全部硬件资源包括软件资源及数据资源；控制程序运行；改善人机界面；为其他应用软件提供支持等，使计算机系统所有资源最大限度地发挥作用，为用户提供方便、有效、友善的服务界面。

从资源管理的角度看，操作系统具有五大功能，分别是进程与处理器管理、作业管理、存储器管理、设备管理和文件管理。从用户的角度看，操作系统还必须为用户提供方便的用户接口。

一般情况下，操作系统可分成四大部分：

驱动程序：最底层的、直接控制和监视各类硬件的部分，它们的职责是隐藏硬件的具体细节，并向其他部分提供一个抽象的、通用的接口。

内核：操作系统的最内核部分，通常运行在最高特权级，负责提供基础性、结构性的功能。

接口库：是一系列特殊的程序库，它们职责在于把系统所提供的基本服务包装成应用程序所能够使用的编程接口（API），是最靠近应用程序的部分。例如，GNU C 运行期库就属于此类，它把各种操作系统的内部编程接口包装成 ANSI C 和 POSIX 编程接口的形式。

外围：是指操作系统中除以上三类以外的所有其他部分，通常是用于提供特定高级服务的部件。例如，在微内核结构中，大部分系统服务，以及 UNIX/Linux 中各种守护进程都通常被划归此列。

按操作系统的工作方式分类，可分为单用户单任务操作系统、单用户多任务操作系统和多用户多任务分时操作系统（如 Windows）。还有一类是具备网络管理功能的网络操作系统，如 Windows NT、Windows Server 等。

2.1　Windows 7 的基础知识

Windows 操作系统是美国微软公司开发研制的一种操作系统，自 Windows 3.1 至 Windows Vista 以来，Windows 操作系统实现了巨大的飞跃。Windows 7 是微软继 Windows XP、Vista 之后的下一代操作系统，它比 Vista 性能更高、启动更快、兼容性更强，具有很多新特性和优点，比如提高了屏幕触控支持和手写识别，支持虚拟硬盘，改善多内核处理器，改善开机速度和内核改进等。

2.1.1　Windows 7 版本介绍

Windows 7 有 6 个版本，分别为 Windows 7 Starter（初级版）、Windows 7 Home Basic（家庭普通版）、Windows 7 Premium（家庭高级版）、Windows 7 Professional（专业版）、 Windows 7 Enterprise（企业版）、Windows 7 Ultimate（旗舰版）。

1. 初级版

这个版本功能最少，缺少 Aero 特效功能，没有 64 位支持，没有 Windows 媒体中心和移动中心等，对更换桌面背景有限制。它主要用于类似上网本的低端计算机，通过系统集成或者 OEM 计算机上预装获得，并限于某些特定类型的硬件。

2. 家庭普通版

这是简化的家庭版，支持多显示器，有移动中心，限制部分 Aero 特效，没有 Windows 媒体中心，缺乏 Tablet 支持，没有远程桌面，只能加入不能创建家庭网络组等。

3. 家庭高级版

面向家庭用户，满足家庭娱乐需求，包含所有桌面增加和多媒体功能，如 Aero 特效、Windows 媒体中心、多点触控功能、建立家庭网络组、手写识别等，不支持 Windows 域、Windows XP 模式、多语言等。

4. 专业版

面向爱好者和小企业用户，满足办公开发需求，包含加强的网络功能，如活动目录和域支持、远程桌面、网络备份、位置感知打印、加密文件系统、演示模式、Windows XP 模式等功能。

5. 企业版

面向企业市场的高级版本，满足企业数据共享、管理、安全等需求。包含多语言包、UNIX 应用支持、BitLocker 驱动器加密、分支缓存等，通过与微软有软件保证合同的公司进行批量许可出售。

6. 旗舰版

拥有所有功能，与企业版基本是相同的产品，仅仅在授权方式及其相关应用及服务上有区别，面向高端用户和软件爱好者。专业版用户和家庭高级版用户可以通过 Windows 付费随时升级服务到旗舰版。

2.1.2　Windows 7 的优点

1. 新的任务栏

Windows 7 的任务栏不仅可以显示当前窗口中的应用程序，还可以显示其他已经打开的标签。右击任务栏中的应用程序图标，将打开所谓的跳跃菜单，可将该程序解锁或锁定到任务栏。

2. Snap 到位

当拖住一个应用程序窗口到桌面的最左边或者最右边的时候，这个应用程序窗口会恢复正常大小。当将应用程序拖到桌面顶部时，它会自动最大化。

3. 任务栏缩略图

只需要在一个任务栏图标上悬停鼠标并且替换标准的信息提示，将会看到一个窗口的小型快照。

4. Home Groups

Windows 7 内置的家庭组网络共享功能，大大简化在家庭网络和 Windows 7 计算机之间共享图片、音乐、视频、文件和设备的过程，比如可以不用走路就能轻松连接位于隔壁的打印机，打印出来的文稿直接交给用户即可。

5. 行动中心

它是 Windows 7 中新的安全中心，除了包括原先的安全设置，还包括了管理任务所需的选项，如备份、发现、诊断并修理故障，以及 Windows 更新等功能。

6. AeroShake 效果

如果用户的桌面上堆砌着很多窗口，但是只想使用其中一个，同时让其他都最小化，这时候你可以把光标放在欲保留窗口的标题栏上，按住鼠标左键左右晃动两下，其他窗口就嗖地"不见了"，再晃动两下，又都回来了，而且保持之前的布局。

7. 一个全新的放大镜

Windows 7 中所带的放大镜工具可以放大桌面上的文字、图片等，帮助用户更清楚地看屏幕上的内容。开启方法：同时按下"Windows"和"+"组合键，同时激活放大镜对话框。不用时，关闭放大镜对话框即可。

8. Windows 工具条

取得 Windows 工具条的高度值，就是"开始"所在的工具条 Windows 7 工具条将更加方便。

9. 用户界面

Windows 7 的用户界面更加绚丽，让用户从直观上，更具有欣赏价值。

10. 新的安装过程

Windows 7 安装过程变得更加简便，有一些过程变为自动，缩短安装时间。

11. 更快的启动速度

Windows 7 启动关闭速度相比其他 Windows 版本，更快。

12. 支持 256 个处理器

支持的处理器数量由 Windows Server 2008 的 64 个增长至 256 个，它还支持热迁移和新版 PowerShell 脚本语言。

13. 触摸功能

Windows 7 具有其他版本没有触摸屏技术，触摸技术相比鼠标更快、更方便、更直观。

14. 一体化功能

Windows 7 中的许多功能被整合在一起，比如电子邮件、照片编辑等传统功能都被取消。

15. 传感器以及定位平台

Windows 7 的硬件传感器设备，如麦克风、加速计或动仪探测器。而基于软件的 Windows 7 传感器，则能够对从网络或互联网上收到的信息，作出反应。Windows 7 中将内置两种编程接口 API，其中一种将和定位传感器进行交互，另外一款则直接对应位置服务。

16. Trouble shooting

相比 Windows Vista，Windows 7 客户端将能够解决相关问题的程序、设备、网络、印刷、显示器、声音等。

17. 本机校准工具

Windows 7 中添加了颜色校准工具，可以在控制面板中打开该工具，或在命令行中输入 Dccw.exe。这个校准工具可以调节灰度、亮度、对比度及色彩还原等。

2.1.3 Windows 7 的安装、启动和退出

1. 安装 Windows 7

可以使用安装程序光盘或 U 盘来引导安装。在启动安装程序后，安装程序向导将自动收集各种必需的信息，并将需要的文件自动复制到硬盘上，检查硬件并进行安装。

在安装过程中，可以按照向导提示进行各项设置，计算机将重新启动若干次，最后 Windows

7 操作系统的界面将显示在屏幕上。

2.　启动 Windows 7

开机后，系统进入 Windows 7 界面，如图 2.1 所示。

图 2.1　Windows 7 界面

3.　退出 Windows 7

使用完计算机后，应正常关闭系统，不能直接关闭电源，否则可能会破坏一些没有保存的文件或正在运行的程序。没有退出 Windows 系统的关机操作都是非法关机，当再次开机时，系统会自动执行自检程序。

操作方法：单击任务栏的"开始"→"关机"三角按钮，打开"关机"菜单，如图 2.2 所示。

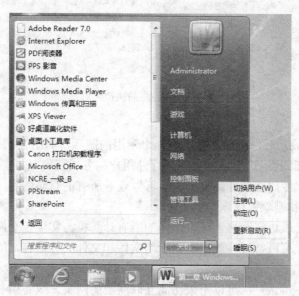

图 2.2　"关机"菜单

关机：关闭计算机。如果有的程序没有关闭，系统会提示用户是否要强制关机。

切换用户：保留当前用户所有打开的程序和数据，暂时切换到其他用户使用计算机。

注销：当前用户身份被注销并退出操作系统，计算机回到当前用户没有登录之前的状态。

锁定：系统将自动向电源发出信号，切断除内存以外的所有设备的供电，由于内存没有断电，系统中运行着的所有数据将依然被保存在内存中。

重新启动：相当于执行关闭操作后再开机。用户也可以在关机之前关闭所有的程序，然后使用 Alt+F4 组合键快速打开"关闭计算机"对话框进行关机。

睡眠：内存数据将被保存到硬盘上，完全关闭电源，下次启动时从硬盘读取数据到内存，恢复到休眠前的状态。

2.1.4　桌面

1．Windows 7 的桌面

Windows 7 启动后的整个屏幕显示就是桌面，是一个人机交互的界面。桌面由任务栏、图标和背景组成，如图 2.1 所示。

2．任务栏

任务栏是桌面最下方的一个小长条，任务栏最左边是"开始"按钮，使用它可以快速启动程序，查找文件和寻求帮助。任务栏中间主要显示的是打开的文档窗口的按钮，单击这些按钮可以在不同的窗口之间进行切换。任务栏右边是一些系统设置的符号按钮。任务栏上的按钮不是一成不变的，用鼠标右击"任务栏"的空白区域，在弹出的快捷菜单中可以随时添加"桌面"等按钮。也可以改变窗口的排列方式，如图 2.3 所示。用户可以根据自己的喜好，利用"任务栏|属性"来设置个性化的任务栏和开始菜单。

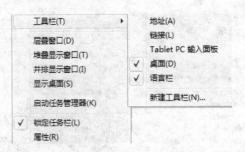

图 2.3　任务栏的快捷菜单

3．图标

Windows 7 安装成功后，桌面上会出现几个常用的图标，如图 2.1 所示。

（1）"Administrator"：这个文件夹用来存储用户的各类资料。

（2）"计算机"：专门管理计算机资源。可以查看所有的存储内容，浏览文件、文件夹进行创建、移动、复制和删除等操作。

（3）"网络"：可以访问网络上可以访问的所有计算机，实现整个网络资源的共享。

（4）"回收站"：可以暂时存放已经删除的文件和文件夹等内容，给错误删除的文件以恢复的机会。

（5）"Internet Explorer"：可以用来访问互联网上的网页，或者引导你在网上漫游，查找有关信息。

除了以上 5 个图标，用户还可以自己创建桌面快捷图标。方法之一是单击"开始"→"所有程序"菜单，选中要添加的应用程序右击，在弹出的快捷菜单中再单击"发送到"→"桌面快捷方式"命令即可。

桌面上所有图标的排列顺序也是可以改变的。方法一是在屏幕的空白区域右击，在弹出的快捷菜单中单击"排序方式"；方法二是单击"查看"，去掉"自动排列"前面的"√"，这样就可以随意拖动桌面上的图标了。

2.1.5　鼠标

鼠标操作有以下几种形式：

（1）单击。将鼠标指针移动到某一指定图标上，按一下鼠标左键，此操作一般用于选定或打开对象。

（2）双击。将鼠标指针移动到某一指定图标上，快速地连击两次鼠标左键，此操作一般用于执行某一任务或应用程序。

（3）右击。将鼠标指针停在某一指定图标或区域上，按一下鼠标右键，此操作主要用于打开快捷菜单。

（4）拖动。将鼠标指针定位到某一图标上，按住左键不放，移动鼠标至目的位置后松开，此操作主要用于移动或复制对象。

注意：上述约定是按照一般人使用右手操作鼠标而设定的。

2.1.6　开始菜单

单击任务栏最左端的"开始图标"按钮，便可以打开"开始"菜单，如图 2.4 所示。分为左右两栏，左栏是所有安装的程序，右栏是常用的几项功能和最近打开的程序。

图 2.4　"开始"菜单

2.1.7　窗口

窗口是 Windows 系列操作系统的基本对象。当打开一个程序或对象时，系统同时打开与之对应的窗口。所有窗口都是一个矩形的框架，它能容纳一个完整的可以运行的应用程序、一组图标、一个正文文件，窗口中可以进行各种各样的操作，一般包括标题栏、关闭等按钮、菜单栏、滚动条及状态栏等几个部分。如图 2.5 所示，该图为显示 C 盘下所有内容的一个窗口。

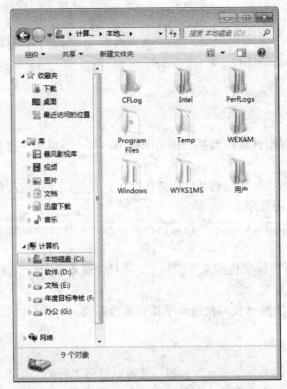

图 2.5　一个典型的窗口

　　窗口的操作通常有最小化、最大化、还原、关闭、移动、大小几种，如图 2.6 所示。除此之外，还有切换、排列和复制窗口等操作。

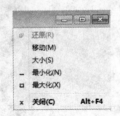

图 2.6　窗口的基本操作

　　切换窗口：打开多个窗口时，只有一个窗口是处于活动状态，而且处于最上层。要使其他窗口激活，只要直接单击该窗口即可。支持前面讲的 AeroShake 效果。

　　排列窗口：窗口的排列方式有层叠、堆叠和并排三种。排列窗口的功能在图 2.3 所示的任务栏的快捷菜单中。

　　复制当前活动窗口：按下 Alt+PrintScreen 键，窗口的内容被复制到剪贴板中，单击"编辑"→"粘贴"命令（或按 Ctrl+V）就可以把内容粘贴到当前文档中；按 PrintScreen 键，可以复制整个屏幕。

2.1.8　菜单和对话框

1. 菜单

在 Windows 7 中主要配有三种菜单形式："开始"菜单、下拉式菜单和快捷菜单。

（1）"开始"菜单，已有说明，如图 2.4 所示。

（2）下拉式菜单，位于应用程序窗口标题下方的选项卡，均采用下拉菜单的方式，如图 2.7 所示，菜单中含有若干条命令，为了便于使用，命令按功能又分成几组。

图 2.7 "组织"下拉菜单

（3）快捷菜单，是一种随时随地为用户服务的"上下文相关的弹出菜单"。将鼠标指向某个选中的对象或屏幕中的某个位置，单击鼠标右键，即可打开一个快捷菜单。该菜单列出了与当前用户执行的操作直接相关的命令。当所指的对象和位置不同时，弹出的菜单命令内容也不同，如图 2.3 所示。

下面是有关菜单的一些说明：

（1）正常的菜单选项用黑色显示，用户可以随时选择它。而灰色的选项表示在当前状态下不可用。

（2）菜单命令后面有省略号，表示选中该命令时将打开一个对话框。

（3）菜单选项右侧有黑三角标志"▶"，表示有下一级子菜单命令。

（4）带有"✓"标记的命令，表示该命令正在起作用。

（5）带有"●"标记的命令，表示一组选项中只能单选。

（6）带有下划线字母的命令，表示在键盘上键入 Alt+带下划线字母，表示执行相应的命令。

2. 对话框

对话框是一种特殊窗口。对话框的组成和窗口有相似之处，但也有自己的特点，如对话框不能改变窗口大小，没有最大/最小化按钮。对话框一般包括标题栏、选项卡、单选按钮、复选按钮、数字增减按钮、列表框、文本框和命令按钮等，如图 2.8 所示。

下面是有关对话框的一些说明：

（1）标题栏下有许多选项卡，单击可以在它们之间进行切换。

（2）同一组中单选框只能有一个被选中，复选框中可以有多个被选中。圆形为单选框，方形为复选框。

（3）数值增减按钮（也称微调按钮）可以使数值每次增加或者减少一个确定量值。

（4）列表框中可以单击其中的一项来选择。

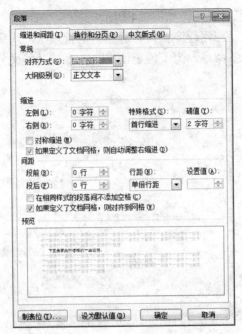

图 2.8   一个典型的对话框——"段落"对话框

2.1.9   剪贴板

剪贴板是 Windows 用来在应用程序之间交换数据的一个临时存储空间，占用内存资源。在 Windows 7 中剪贴板上总是保留最近一次用户存入的数据。这些数据可以是文本、图像、声音和应用程序。剪贴板的使用方法：首先对选定的数据进行剪切或复制命令，把这些数据暂时存放在剪贴板中，然后使用粘贴命令把这些数据从剪贴板中复制到目标位置。

2.1.10   快捷方式

快捷方式是 Windows 7 向用户提供的一种资源访问方式，通过快捷方式可以快速启动程序或打开文件和文件夹。快捷方式的本质是对系统中各种资源的一个链接，扩展名是.lnk。快捷方式不改变对应文件的位置，删除快捷方式时也不会删除它对应的文件。创建桌面快捷方式常用的方法是拖动法和使用快捷菜单。

拖动法：将鼠标指向要创建快捷方式的文件或文件夹，按住鼠标右键并往桌面上拖动，当拖动到适当位置时松手，在弹出的快捷菜单中选择"在当前位置创建快捷方式"命令。

使用快捷菜单：选定要创建快捷方式的文件或文件夹，右击，在弹出的快捷菜单中选择"发送到"→"桌面快捷方式"命令。

2.2   Windows 7 的文件管理

2.2.1   文件和文件夹的命名规则

文件是存储在磁盘上的信息集合。文件可以是一个文档、一张图片、一段声音或一个程序。每个文件都有唯一的名字，这就是文件名。

　　文件夹（又称目录）则是文件的集合，它是系统组织和管理文件的一种形式。为了查找、存储和管理文件，用户可以将文件分类存放在不同的文件夹里。文件夹里不仅可以存放文件，而且还可以存放其他文件夹、磁盘驱动器等。

　　Windows 中文件和文件夹的命名规则如下：

　　（1）文件的名称由文件名的扩展名组成，中间用"."字符隔开，扩展名通常用来说明文件的类型。若文件名中由若干个"."，那么最后一个点被认为是文件名和扩展名的分割符。

　　（2）文件名和文件夹名最长可达 255 个字符。可以包含字母、汉字、数字和部分符号，但不能包含 ？ ｜ ＊ ″ ／ ＼ ＞ ＜等非法字符。

　　（3）文件名不区分大小写。

　　（4）查找和显示文件和文件夹名时可使用通配符"＊"和"？"。"？"表示任意一个字符；"＊"表示任意长度的任意字符。如*.gif，表示磁盘上所有的 gif 图形文件。

2.2.2　资源管理器

　　资源管理器可用于查看和管理系统所有的文件资源，完成对文件或文件夹的多种操作。它是各系统组件的一个综合窗口。

1. 打开资源管理器

　　（1）右击"开始"图标，在弹出的快捷菜单中单击"打开 Windows 资源管理器"命令。

　　（2）双击桌面"计算机"图标，在弹出的快捷菜单中单击"资源管理器"即可，如图 2.9 所示。

图 2.9　"资源管理器"窗口

2. "资源管理器"窗口的组成

　　从图 2.9 中可看出，资源管理器的左窗格显示计算机中所有的资源，有收藏夹、库、计算机、网络和家庭组。右窗格内显示的内容是在左窗格中选中的驱动器或文件夹的内容，可以根据需要进一步选择右窗格中各个文件或文件夹进行打开、移动、复制等操作。在左窗格中驱动器或文件夹前面有"▷"，表示它有下一级子文件夹，单击展开可查看其子文件夹。用户可以通过拖动鼠标来改变左右窗口的大小。

（1）地址栏。

Windows 7 资源管理器的地址栏是横向排列各级目录的，但也保留了以前版本的浏览方式，方法是：复制当前的地址，只需在地址栏空白处单击，即可让地址栏以传统的方式显示，如图 2.10 所示。在地址栏的右侧，还可以看到 Windows 7 的搜索文本框。

图 2.10　地址栏的改变

（2）菜单栏。

Windows 7 的菜单栏在组织方式上发生了很大的变化，在原有的菜单栏基础上，增加了新的一栏，通常包含"组织、共享、新建文件夹"三个选项，位置在菜单栏下方，该栏的选项内容会随着用户操作的对象不同而发生改变。另外，在其他版本工具栏中必须保留的按钮则与该栏放在同一行中，比如视图模式的设置，从右侧数第三个按钮，单击该按钮后即可打开视图调节菜单，在多种模式之间进行调整，包括 Windows 7 特色的大图标、超大图标等模式。单击"组织|布局"，勾选"菜单栏"，则在窗口中显示菜单栏，如图 2.11 所示。

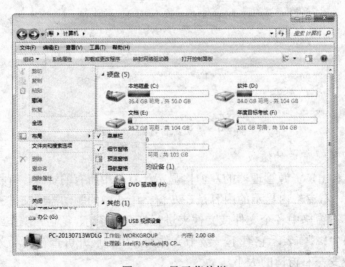

图 2.11　显示菜单栏

（3）预览窗格。

在 Windows 7 资源管理器中，增加了文件的预览效果，如图片、文本、字体文件、视频、各类应用程序文件等，可以方便用户快速了解其中的内容，对于音乐和视频文件可直接播放，不用运行播放器。打开方式有三种：按 Alt+p 组合键；单击菜单栏右上角"显示预览窗格"图标；选中"组织"→"布局"→"预览窗格"，均可显示或隐藏预览窗格，如图 2.12 所示。

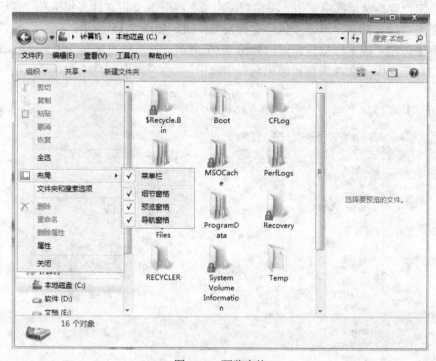

图 2.12　预览窗格

需要注意一点，"组织"一行的内容会随着操作对象的不同而发生变化。这也是 Windows 7 资源管理器一大特点。

（4）最近访问位置：在收藏夹下"最近访问的位置"中，可以查看到最近打开过的文件和系统功能，方便再次使用和操作，如图 2.13 所示。

图 2.13　"最近访问的位置"窗口

（5）库。

在 Windows 7 中，"库"的功能是将各个不同位置的同类型文件资源组织在一个个虚拟的"仓库"中，让用户轻松找到所需要的东西，所以用户要养成各类文件"入库"的好习惯。

如图 2.14 所示，打开的是音乐库，显示有两个存储位置，有一个音乐文件。若是给该库再添加文件夹，方法有两种：一是单击在图中间区域左上角出现的"包括：2 个位置"；在打开的"音乐库位置"对话框中单击"添加"按钮；在打开的"将文件夹包括在'音乐'中"窗口中选择要添加的文件夹，单击"包括文件夹"按钮，如图 2.15 所示，在返回的"音乐库位置"对话框中单击"确定"按钮即可，如图 2.16 所示。第二种方法是利用菜单栏的"包含到库中"命令，把选中的文件夹直接添加到音乐库中。

图 2.14　音乐库窗口

图 2.15　选择添加的文件夹

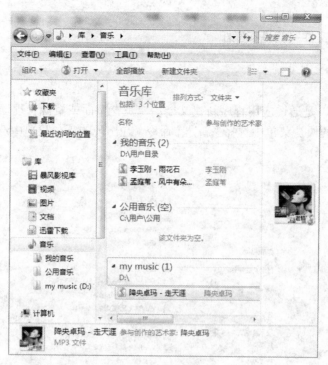

图 2.16 添加成功

对于常用的文件，用户都可以把它放入一个库中。除了系统自带的几个库之外，用户还可创建新的库，方法有三种：用快捷菜单，如图 2.17 所示；直接单击菜单栏的"新建库"；利用"文件"→"新建"→"库"命令。

图 2.17 新建"库"

2.2.3 文件和文件夹的基本操作

1. 创建文件和文件夹

（1）创建文件。

有两种办法：一是通过应用程序新建文档；二是在桌面或资源管理器右窗格空白处单击鼠标右键，在弹出的快捷菜单中选择"新建"命令，在出现的下拉菜单中选择要创建的文件选项即可。图 2.18 所示。

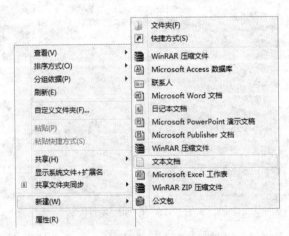

图 2.18　用快捷菜单创建文件

（2）创建文件夹。

首先选择创建文件夹的位置，其次单击"文件"→"新建"→"文件夹"命令，出现一个名为"新建文件夹"的图标，输入新的文件夹名字，按 Enter 键或单击空白处即可；或者用用快捷菜单，如图 2.18 所示；或者直接单击资源管理器菜单栏上的"新建文件夹"，如图 2.10 所示。

2. 选定文件或文件夹

在对某个文件或文件夹操作之前，必须先选中它。选中方法如下：

（1）选中单个文件或文件夹，单击其相应的图标即可。

（2）选中连续的多个文件，单击第一个文件的图标，再按住 Shift 键，然后单击要选中的最后一个文件的图标，放手即可。

（3）选中不连续的多个文件，按住 Ctrl 键，逐个单击要选中的文件或文件夹的图标。

（4）选中所有文件，单击"编辑"→"全选"命令，或按 Ctrl+A 键。

（5）反向选择，首先选中一个或多个文件，单击"编辑"→"反向选择"命令，刚才未被选中的文件都被选中了，而原来已经选中的文件则变为没被选中。

要取消多个已被选中文件中的一个或几个文件，可先按住 Ctrl 键，再单击要取消的文件即可。要全部取消则在空白处单击即可。

3. 打开文件或文件夹

在 Windows 中，若要对文件夹和文件中的内容进行浏览编辑，必须首先打开该文件夹或文件。有如下几种打开方式：

（1）利用"资源管理器"。

　　在"资源管理器"窗口中，如图 2.19 所示，单击左边窗格中将要打开的文件夹，文件夹图标变成了打开的形状，打开子文件夹有两种方法：一是单击左侧子文件夹，二是在右边窗格中双击子文件夹；打开文件则只有一种方法，就是在右边窗格中双击文件图标。

图 2.19　用"资源管理器"打开文件或文件夹

　　（2）利用"计算机"。

　　双击桌面上"计算机"图标，打开的窗口与图 2.19 相同，操作也相同。

　　（3）利用应用程序中的打开命令。

　　若现在已打开了 Word 2010 应用程序，单击"文件"→"打开"命令，在打开的对话框中选中要打开的文件。若是 Word 环境支持的文档，则会立即打开且正确；若打开不支持的文档类型，则会出错。

　　4．搜索文件或文件夹

　　Windows 有两种方法执行搜索命令：

　　（1）打开"资源管理器"或"计算机"窗口，单击地址栏上的"搜索"按钮，或按 F3 键。

　　（2）单击"开始"→"搜索"命令。

　　在"资源管理器"窗口中，打开"组织"|"文件夹和搜索选项"命令，可对搜索条件进行设置。搜索"2012"，出现如图 2.20 所示的"搜索结果"窗口，单击"菜单栏"→"保存搜索"命令，可对搜索结果进行保存。

　　注意：在输入要查找的文件或文件夹的名称可以使用通配符"?"和"*"，前者代表任意一个字符，后者代表任意多个字符。如果要一次查找多个文件，还可以使用分号、逗号等作为文件名称的分隔符，这样会扩大搜索条件。

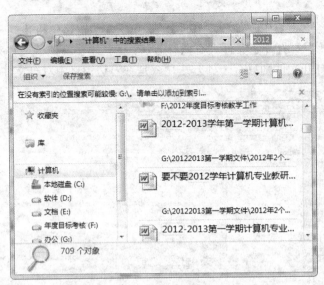

图 2.20 "搜索结果"窗口

5. 移动、复制文件或文件夹

移动是将文件或文件夹从原来位置移到新的位置。复制是指原来位置上的文件或文件夹依然保留，但在新位置建立原来文件或文件夹的备份。

（1）使用鼠标拖动。

首先选中要移动或复制的文件或文件夹，然后在其图标上按住鼠标左键，直接拖到最终存放的目标位置即可。此时也可配合使用 Shift 键或 Ctrl 键。

（2）使用菜单命令。

首先选中要移动或复制的文件或文件夹，然后选择"编辑"→"剪切"（Ctrl+X）命令或"编辑"→"复制"（Ctrl+C）命令，定位到目标位置后选择"编辑"→"粘贴"（Ctrl+V）命令即可。

（3）使用快捷菜单"发送到"选项。

从硬盘向可移动磁盘复制文件或文件夹时，在选中要复制的文件或文件夹上右击，然后在弹出的快捷菜单中选择"发送到"选项，再从其中单击"可移动磁盘"即可。

6. 删除文件或文件夹

用户可根据自己的需要，删除那些不再需要的文件或文件夹，以便释放更多的磁盘空间供用户使用。常用的方法有：

（1）选中要删除的文件或文件夹，用鼠标直接拖到回收站图标上即可。

（2）选中要删除的文件或文件夹，单击"文件"→"删除"选项，在弹出的对话框中单击"是"即可。

（3）选中要删除的文件或文件夹，按 Delete 键，弹出"确认文件删除"对话框，确定后，删除的文件或文件夹将被放入回收站。

（4）选中要删除的文件或文件夹，按 Shift+Delete 组合键，可以彻底删除文件或文件夹，也不放入回收站，不能还原。

7. 重命名文件或文件夹

为了合理存储和管理文件或文件夹，有时需要对它们进行重新命名，重命名方法有：

（1）选中要更换名称的文件或文件夹，单击"文件"→"重命名"命令。

（2）选中要更换名称的文件或文件夹，右击，在弹出的快捷菜单中选择"重命名"命令。

（3）选中要更换名称的文件或文件夹，再单击文件或文件夹名称位置。

（4）选中要更换名称的文件或文件夹，按 F2 键。

在编辑状态下，原名处输入新的名称，然后按回车键或单击鼠标确认即可。

8. 更改文件或文件夹的属性

为了更好地保护私密文件或防止某些病毒感染，有时需要对它们的属性进行设置，方法有：

（1）选中要设置属性的文件或文件夹，单击"文件"→"属性"命令。

（2）选中要设置属性的文件或文件夹，右击，在弹出的快捷菜单中选择"属性"命令。如图 2.21 所示，所选文件夹属性设为隐藏（在复选框前面标上对勾），在不用文件夹选项查看隐藏文件的情况下，是看不到它的。

9. 查看隐藏文件或文件夹

单击"组织"→"文件夹和搜索选项"命令，在打开的"文件夹选项"对话框中选择"查看"选项卡，在"隐藏文件和文件夹"下面选中"显示隐藏的文件、文件夹和驱动器"，单击"确定"按钮，如图 2.22 所示。利用这个功能，就可以看到图 2.21 中所设隐藏属性的"2012工具"文件夹。也可利用"控制面板"→"外观和个性化"→"文件夹选项"来查看，如图 2.26 所示。

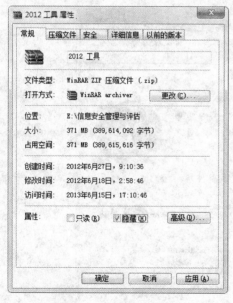

图 2.21　"属性"对话框

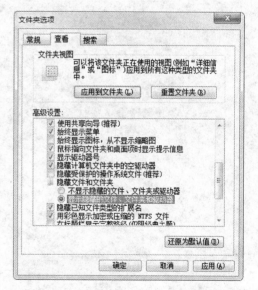

图 2.22　"文件夹选项"的"查看"选项

10. 锁定文件或文件夹

对于经常使用的文件或文件夹，可以把它们锁定在任务栏上，方便用户操作。锁定方法是把选中的文件或文件夹，直接拖放到 Windows 7 的任务栏上。

打开文件夹的方法是：单击任务栏上的"库"，右击出现的库按钮，就可看到锁定的文件夹，如图 2.23 所示，单击"新建文件夹"，则打开它，右击"新建文件夹"，在快捷菜单中使用"从此列表解锁"可将此文件夹取消固定。

打开文件的方法是：只要打开锁定文件的应用程序，右击出现的程序按钮，就可以看到锁定的文件，如图 2.24 所示，单击该文件则打开它，右击该文件，在快捷菜单中使用"从此列表解锁"可将此文件取消固定。

图 2.23   解锁文件夹   图 2.24   解锁文件

11. 查看系统信息

右击"计算机"图标，在弹出的快捷菜单中单击"属性"命令，在打开的对话框中出现相关的系统信息，如图 2.25 所示。

图 2.25   "系统"窗口

2.3   Windows 7 的系统设置

2.3.1   控制面板

控制面板是 Windows 自带的一个系统文件夹。通过此文件夹用户可以根据自己的需要设置计算机的外观和属性，如图 2.26 所示。打开控制面板的方法有 4 种：

（1）单击"开始"→"控制面板"命令即可。

（2）打开"资源管理器"窗口，选中计算机图标，单击菜单栏上的"打开控制面板"。

（3）打开"计算机"→"属性"对话框，单击左上角位置的"控制面板主页"即可。

（4）单击任务栏右侧的双箭头"折叠按钮"，单击"控制面板"，选择要打开的项即可。

图 2.26　"控制面板"窗口

2.3.2　设置显示属性

在 Windows 7 的控制面板中，包含了用户可能用到的所有功能。单击"外观和个性化"，如图 2.27 的右侧显示"个性化"、"显示"、"桌面小工具"、"字体"等 7 个功能项，"个性化"里面包含对桌面背景、屏幕保护程序、声音等设置。

图 2.27　"外观和个性化"选项

"显示"则可对显示模式进行设置。显示模式由屏幕分辨率和颜色质量组成。分辨率就是组成显示模式的像素点的数目。数目越大，像素越小，图像越清晰，图像也越小。在 Windows 7 中，分辨率最低为 800*600，最高为 1440*900，用户可根据自己的需要去调整。

如果显示器较大，可使用大一些的分辨率，眼睛会舒服一些。反之，则使用小一些的分辨率。如果使用一些规模很大的电子表格，则可以使用大一些的分辨率。这样可以看到更多的表格。如果只是阅读电子邮件，则可使用小一点的分辨率，这样更易阅读。

2.3.3　用户账户设置

Windows 7 是一个多用户多任务的操作系统，允许多用户登录，可以给不同的用户分配不同的操作权限。方法如下：

在打开的"控制面板"窗口中，单击"用户账户和家庭安全"图标，单击"更改或删除用户账户"命令，如图 2.28 所示。单击左下角的"创建一个新账户"或选择要更改的原有账户，按提示信息操作即可。

图 2.28　"用户账户"窗口

2.3.4　添加或卸载程序

在我们日常使用计算机的过程中，总是离不开安装和卸载软件。用户想使用一个程序必须事先进行安装，不想使用时卸载即可。操作如下：

1．添加应用程序

一个新的应用程序必须安装到 Windows 7 系统中才能使用。安装不是简单地将应用程序复制到硬盘中，而是需要在安装过程中根据安装向导进行一系列的设置，并在 Windows 7 中注册，才能正常使用。

安装的方法有：一是商品化软件都配置了自动安装程序，只要播放光盘，系统会自动运行安装程序，用户按提示进行操作即可；二是在网络中下载的软件一般只有一个可执行文件，安装程序通常为 Setup.exe 或 Install.exe，运行该文件，按提示进行安装即可。

2．卸载应用程序

当某个程序不再使用时，可以把它从 Windows 系统中卸载，以便节省磁盘空间。卸载程序不仅要删除应用程序包含的所有文件，还要删除系统注册表中的该应用程序的注册信息，以及该程序在"开始"菜单中的快捷方式等文件。

卸载的方法有：一是使用程序自带的卸载程序，一般为 Uninstall.exe 或者"卸载×××"，单击该文件按提示完成卸载操作即可；二是使用 Windows 控制面板中的"程序"→"程序和功能"→"卸载程序"，如图 2.29 所示。在当前安装的程序列表框中，右击要卸载的程序，按提示完成操作即可。

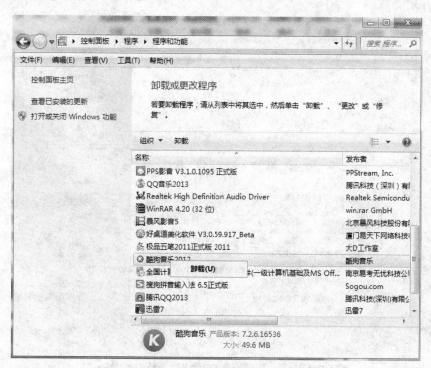

图 2.29　"卸载或更改程序"窗口

2.3.5　字体设置

Windows 7 提供了多种字体和字型。在应用程序中可以方便使用不同的字体和各种修饰。用户可以自行安装或删除字体。

1．安装字体

用快捷方式安装字体的唯一好处就是节省空间，因为使用"复制的方式安装字体"会将字体全部复制到 C:\Windows\Fonts 文件夹中，这样会占用硬盘的容量，而用快捷方式安装字体可以节省很多空间。操作步骤如下：

（1）打开"控制面板"窗口，单击"外观和个性化"→"字体"，打开如图 2.30 所示窗口。

（2）单击"字体"窗口中的"字体设置"，勾选"允许使用快捷方式安装字体（高级)"，单击"确定"按钮，如图 2.31 所示。

（3）从驱动器或网络中找到要添加的字库文件夹，右击选中的某个或者多个字体，单击"作为快捷方式安装（S)"，即可完成安装。

图 2.30 "字体"窗口

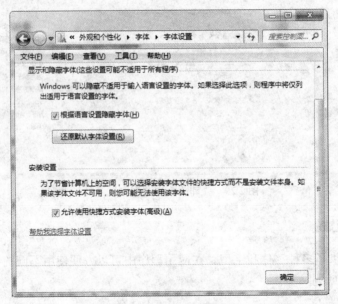

图 2.31 "字体设置"窗口

2．删除字体

为节省内存和磁盘空间，可将某些字体删除，但不可轻易删除，否则会影响窗口和对话框的字体清晰度。方法是：在"字体"窗口中，右击要删除的字体图标，单击快捷菜单中的"删除"命令。

3．预览字体

在"字体"窗口中，右击要预览的字体图标，单击快捷菜单中的"预览"命令即可。

2.3.6 输入法设置

Windows 为用户提供了多种输入法，但对于不同的用户，需求不同，可根据需要添加或卸载输入法，也可为输入法设置属性。

1. 输入法的添加与卸载

Windows 7 允许用户添加输入法，操作如下：打开"控制面板"，单击"时钟、语言和区域"选项，弹出如图 2.32 所示的窗口，单击"区域和语言"→"更改键盘或其他输入法"命令，弹出如图 2.33 所示的对话框。

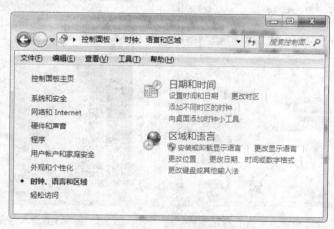

图 2.32 "时钟、语言和区域"窗口

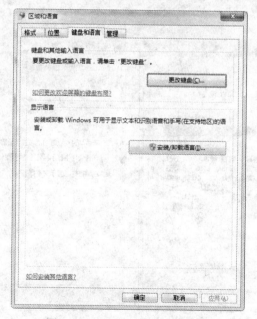

图 2.33 "区域和语言"对话框

如果想添加键盘上显示的语言，就在图 2.33 中单击"更改键盘"按钮，打开"文本服务和输入语言"对话框，如图 2.34 所示。再单击"添加"按钮，弹出如图 2.35 所示的"添加输入语言"对话框，根据需要添加键盘输入法，单击"确定"按钮，依次单击上一级打开的对话

框的"确定"按钮即可。

如果想进行输入法的热键设置，则单击图 2.34 中的"高级键设置"选项卡，按自己的需要设置即可，如图 2.36 所示。注意一点：不同语言之间切换、全/半角切换这两个热键的使用频率特高，最好记住。

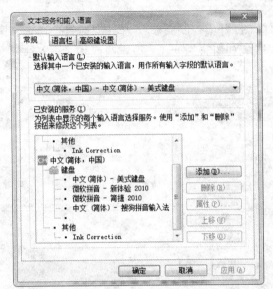

图 2.34   "文本服务和输入语言"对话框   图 2.35   "添加输入语言"对话框

如果想设置语言栏的显示方式，单击"语言栏"选项卡，按自己的需要设置即可，如图 2.37 所示。

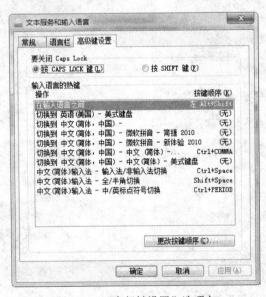

图 2.36   "高级键设置"选项卡

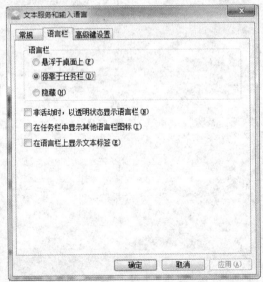

图 2.37   "语言栏"选项卡

如果想在语言栏上添加多种输入语言，则在图 2.33 中单击"安装/卸载语言"按钮，打开"安装或卸载显示语言"对话框，如图 2.38 所示，按照提示信息进行安装或卸载语言的设置。

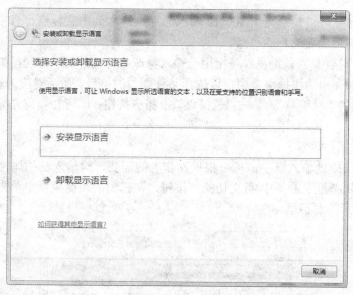

图 2.38　"安装或卸载显示语言"对话框

2. 不同输入法之间的切换

在操作过程中经常要进行中、英文输入法之间的切换，使用户既可以输入英文，又可以输入中文。以下是切换输入法的几种方法：

（1）在任务栏的右侧单击输入法指示器 "**En**" 按钮，选择一种输入法即可。当选择另一种输入法时，将会自动退出前一种输入法。

（2）连续按 **Alt+Shift** 键可以在不同输入法之间进行切换。

（3）按 "**Ctrl+空格**" 组合键，可以启动或关闭中文输入法。

3. 中文输入法的状态及属性

（1）输入法的状态。

当启动中文输入法后，屏幕上即出现指定输入法的状态框，通常在屏幕的底部左端，也可用拖动来改变其位置，如图 2.39 所示。

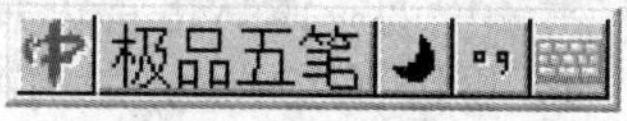

图 2.39　输入法状态框

通常输入法状态框由 5 个按钮组成，它们的功能自左向右分别为：中/英文切换、输入方式名称、全角/半角切换、中/英文标点切换及软键盘。

① "中/英文切换" 按钮。单击显示字母 "**A**" 表示切换到英文大写的输入方式，反之为中文输入方式。

② "输入方式名称" 按钮。用于显示输入法名称。在某些输入法中单击此按钮，可以实现在各种输入方式之间的切换，如智能 ABC 输入法有 "标准" 与 "双打" 两种输入方式。

③ "全角/半角切换" 按钮。单击按钮，在全角与半角字符之间切换。按钮呈圆形时，输入为纯中文全角方式，字符占两个字节；按钮呈半圆形时，输入为西文半角方式，字符占一个字节。

④ "中/英文标点切换" 按钮。单击该按钮，在相应键位上输入的标点符号会自动在中西

文标点符号间切换。按钮显示为"，。"时，输入的标点符号为中文标点符号；按钮显示为"．，"时，输入的标点符号为英文标点符号。

⑤"软键盘"按钮。"软键盘"是指用于输入特殊字符及外文字母的模拟实物键盘。用鼠标右击该按钮，从弹出的快捷菜单中可以选择某种类型的符号，激活对应的软键盘。Windows提供了13种类型的"软键盘"，单击"软键盘"上相应按钮，即可在当前光标所处位置插入选中的字符。

（2）输入法属性设置。

为了更方便快捷地输入汉字，可以根据操作者的需要，对输入法的属性进行设置。右击任何一种输入法状态框中的"中/英文切换"按钮，在弹出的快捷菜单中单击"设置"命令，打开如图2.40所示的对话框。

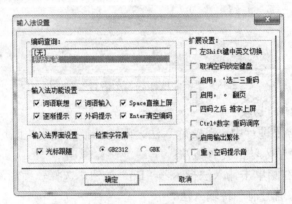

图2.40 "输入法设置"对话框

2.3.7 中文输入法

Windows 7在系统安装时自动安装了微软拼音等几种输入法。系统安装成功后，在任务栏的右侧会出现一个"输入法指示器"。

1. 拼音输入法

拼音输入法是利用汉字的拼音来编码的。微软拼音带有自动联想功能，可以输入汉字的全部拼音，也可以只输入汉字的声母，再进行选择。一般情况下，能输入词组就不一个一个地输入汉字了，这样就提高了输入效率。例如，输入"计算机"时，直接输入"jsj"即可。

2. 五笔字型输入法

在日常应用中，非专业汉字录入人员大多使用拼音输入法，因为拼音输入法具有学习容易、操作简便的特点，适合初学者，但是往往码长较长，重码较多，输入速度较慢，对于专业录入和想提高输入速度的人来说，就有点不太合适。目前，大多数专业录入人员使用的汉字输入法仍是五笔字形输入法，但是为照顾大多数读者，本书将五笔型输入法不作为重点来介绍，有兴趣的读者可参阅本书的附录A。

2.4 附件

Windows 提供了一些免费软件，非常好用。这些基本的应用程序包括字处理、图形处理、通信及多媒体和娱乐游戏等。这一节介绍"画图"、"计算器"和"记事本"工具。其他工具在此不做介绍，请读者查阅相关书籍。

2.4.1　画图

"画图"程序是一个图形程序，可用来创建简单的图画，当然其中没有专业化的功能，但画一些简单的图画是足够的，也可以用它来简单地处理图片，如裁剪、擦除等。

打开方式：单击"开始"→"所有程序"→"附件"→"画图"，即可启动"画图"程序。

在"画图"窗口的空白编辑区，可以选择颜色1（前景色）、颜色2（背景色）、画图工具，以及为所选择的工具设置各种属性，比如"刷子"、粗细、形状等，接着就可以画图了，如图2.41 所示。图画好后，可以利用"图像"功能进行简单设置，也可进行保存、关闭、复制、打开、打印等操作。也可以对图中选中的部分区域进行复制（用快捷菜单），粘贴到其他文档中。

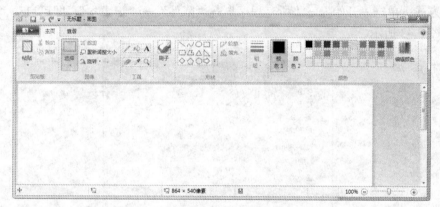

图 2.41　"画图"窗口

2.4.2　计算器

Windows 7 的"计算器"界面更直观，窗口大小会随着不同选项的操作而改变，增加了"程序员"、"日期计算"、"工作表"等新功能，如提供了油耗的两种计算方法，如图2.42 所示。

另外，利用"计算器"→"程序员"界面，可以很方便地进行不同进制数之间的转换操作。

图 2.42　"计算器"窗口

2.4.3　记事本

记事本在打开文件方面，具有比其他任何程序都强大的功能。不知道类型的文件或者系统中没有安装与之关联的应用程序的文件，都是用记事本标记的，用户也不可能安装所有的应用程序。在打开这些文件时，选择的"打开方式"，最好是"记事本"或者"写字板"才放心，因为它们不会损坏文件。

"记事本"原本是 DOS 下的一个文本工具，它适合打开 64K 以下的文件，Windows 把它移植过来，除了它打开文件快以外，更重要的是，可以用编写或改写*.bat，*.sys，*.rfm，*.vbp 等文件，为修复和改写文件的用户提供了一个最简单的环境，而"写字板"，它适合打开大于 64K 的带有复杂格式的文件，作用与"记事本"相仿。

打开方式：单击"开始"→"所有程序"→"附件"→"记事本"，即可启动"记事本"程序，如图 2.43 所示。

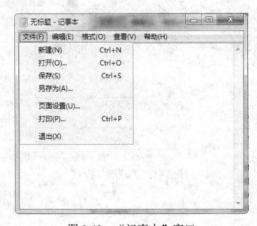

图 2.43　"记事本"窗口

2.5　系统维护

2.5.1　磁盘管理

在实际应用中，还经常用到 Windows 7 的磁盘管理和磁盘碎片整理功能。通过它可以随时掌握磁盘的使用情况，方法是：打开"开始"→"所有程序"→"管理工具"→"计算机管理"即可，如图 2.44 和图 2.45 所示。也可以跳过"所有程序"这一步，单击"开始"菜单右侧的"管理工具"。在"管理工具"里面，还提供了其他系统功能，需要使用时打开即可。在此不做详解。

2.5.2　查看磁盘属性

在打开的"计算机"窗口中，右击需要查看属性的驱动器图标，在弹出的快捷菜单中单击"属性"命令，打开"属性"对话框，查看磁盘空间占用情况等信息，如图 2.46 所示的是"驱动器 G 属性"对话框。

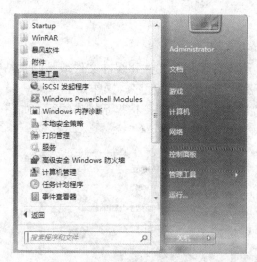

图 2.44　"管理工具"窗口

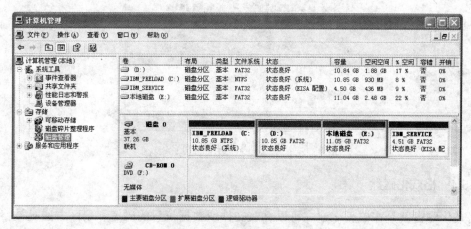

图 2.45　"计算机管理"窗口

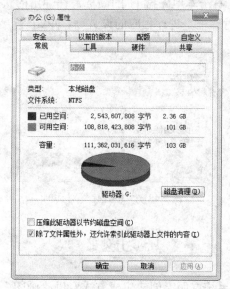

图 2.46　"驱动器 G 属性"对话框

2.5.3　磁盘清理

定期进行磁盘清理，删除许多临时文件和缓冲文件或是回收站中的文件，可以释放大量可利用的磁盘空间，也可删除不用的应用程序。操作如下：

在图 2.46 中，单击"磁盘清理"按钮，按提示操作即可，如图 2.47 所示的"磁盘清理"对话框。

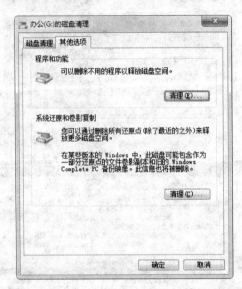

图 2.47　"磁盘清理"对话框

2.5.4　格式化磁盘

格式化磁盘就是在磁盘上建立可以存放文件或数据信息的磁道和扇区。磁盘被格式化后将删除磁盘上的所有信息。下面以格式化 G 盘为例。操作如下：

打开"计算机"窗口，右击本地磁盘 G 的图标，在弹出的快捷菜单中选择"格式化"命令，打开如图 2.48 所示的对话框。进行相应的设置后，单击"确定"按钮即可。

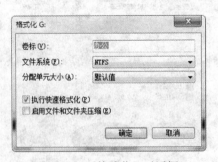

图 2.48　"格式化"对话框

习题 2

1．如何在 Windows 7 系统桌面上创建快捷方式？以"画图"为例。

2．Windows 7 系统有几种打开文档文件的方法？

3．Windows 7 系统有几种方法可以进入资源管理器？

4．Windows 7 系统有几种方法可以实现文件夹和文件的新建、移动、复制、重命名和删除？

5．如何使用快捷菜单？在有些快捷菜单中有"属性"选项，该项有何作用？

6．在"资源管理器"中，在 E 盘根目录下新建一个文件夹树，结构为"E:\我的文件夹\练习"。

7．打开控制面板，重新设置系统的日期、时间和时区。

8．利用"画图"程序，制作一张图片并将它设置为系统桌面的墙纸。

9．分别用键盘和鼠标两种方式，启动并切换各种汉字输入法。

第 3 章 文字处理软件 Word 2010

Word 2010 是微软公司的 Office 2010 系列办公组件之一，Word 2010 充分利用了 Windows 图文并茂的特点，为处理文字、表格、图形等提供了一整套功能齐全、运用灵活、操作方便的运行环境，也为用户提供了"所见即所得"、"面向结果"的使用界面。

3.1 Word 2010 概述

3.1.1 Word 2010 的启动与退出

1. 启动 Word 2010

启动 Word 2010 应用程序的方法有多种，常用的两种方法是：一是使用"开始"菜单中的"程序"，启动 Word 2010；二是使用桌面上的 Word 快捷方式启动 Word 2010。

（1）用"开始"菜单启动 Word 2010。

方法是：依次单击任务栏中"开始"→"所有程序"→"Microsoft Office"→"Microsoft Word 2010"项，即可启动 Word 2010，如图 3.1 所示。

图 3.1 使用"开始"菜单启动 Word

（2）使用桌面上的"Microsoft Word 2010"快捷方式启动 Word 2010。

方法是：先把 Microsoft Word 2010 的图标发送快捷方式到 Windows 7 桌面上，然后双击图标启动 Word 2010，如图 3.2 所示。

2. 退出 Word 2010

退出 Word 2010 也有多种方法，最常用的有以下 4 种：

（1）单击标题栏右端的"关闭"按钮。

图 3.2 用快捷方式启动 Word

（2）单击选项卡"文件"→"退出"命令。

（3）双击标题栏最左端的控制菜单图标。

（4）按 Alt+F4 组合键。

无论使用以上哪种方法退出 Word 2010，如果尚有未存盘的文档，则会出现一个对话框，询问是否要保存该文档。单击"保存"命令，则保存；若单击"不保存"命令，则本次的结果不存盘。

3.1.2 Word 2010 的窗口界面

Word 2010 窗口主摒弃菜单类型的界面，采用"面向结果"的用户界面，可以在面向任务的选项卡上找到操作按钮。Word 2010 的窗口主要由快速访问工具栏、标题栏、选项卡、功能区、状态栏、编辑区、视图按钮、标尺按钮及任务窗格组成，如图 3.3 所示。

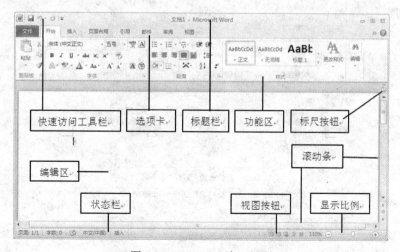

图 3.3 Word 2010 窗口界面

Word 2010 窗口的功能描述如下：

1. 选项卡

在 Word 2010 窗口上方是选项卡栏，选项卡类似 Windows 的菜单，但是单击某个选项卡时，并不会打开这个选项卡的下拉菜单，而是切换到与之相对应的功能区面板。选项卡分为主选项卡、工具选项卡。默认情况下，Word 2010 界面提供的是主选项卡，从左到右依次为文件、开始、插入、页面布局、引用、邮件、审阅及视图 8 个。当文稿中图表、SmartArt、形状（绘图）、文本框、图片、表格和艺术字等元素被选中操作时，在选项卡栏的右侧都会出现相应的工具选项卡。如插入"表格"后，就能在选项卡栏右侧出现"表格工具"工具选项卡，表格工具下面有两个工具选项卡：设计和布局，如图 3.4 所示。

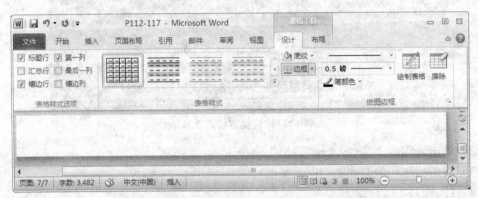

图 3.4   "表格工具"选项卡

2. 功能区

每选择一个选项卡，会打开对应的功能区面板，每个功能区根据功能的不同又分为若干个功能组。鼠标指向功能区的图标按钮时，系统会自动在光标下方显示相应按钮的名字和操作，单击各个命令按钮组右下角的按钮（如果有的话）可打开下设的对话框或任务窗格，如图 3.5 所示为单击字体组右下端的按钮弹出的"字体"对话框。

图 3.5   "字体"对话框

单击 Word 窗口选项卡栏右方的 ⌃ 按钮，可将功能区最小化，这时 ⌃ 按钮变成 ⌄ 按钮，再次单击该按钮可复原功能区。

下面以 Word 2010 提供的默认选项卡的功能区为例进行说明。

"开始"功能区中从左到右依次包括剪贴板、字体、段落、样式和编辑五个组，该功能区主要用于帮助用户对 Word 2010 文档进行文字编辑和格式设置，是用户最常用的功能区。

"插入"功能区包括页、表格、插图（插入各种元素）、链接、页眉和页脚、文本、符号和特殊符号等几个组，主要用于在 Word 2010 文档中插入各种元素。

"页面布局"功能区包括主题、页面设置、稿纸、页面背景、段落、排列等几个组，用于帮助用户设置 Word 2010 文档页面样式。

"引用"功能区包括目录、脚注、引文与书目、题注、索引和引文目录等几个组，用于实现在 Word 2010 文档中插入目录等比较高级的功能。

"邮件"功能区包括创建、开始邮件合并、编写和插入域、预览结果和完成等几个组，该功能区的作用比较专一，专门用于在 Word 2010 文档中进行邮件合并方面的操作。

"审阅"功能区包括校对、语言、中文简繁转换、批注、修订、更改、比较和保护等几个组，主要用于对 Word 2010 文档进行校对和修订等操作，适用于多人协作处理 Word 2010 长文档。

"视图"功能区包括文档视图、显示、显示比例、窗口和宏等几个组，主要用于帮助用户设置 Word 2010 操作窗口的视图类型。

注意：Word 提供的工具选项卡的查看可通过下列操作步骤完成。

①右击功能区右端空白处，在弹出的快捷菜单中选择"自定义功能区"命令。

②弹出"Word 选项"对话框，在左边的"从下列位置选择命令"列表框中选择"工具选项卡"，即可出现如图 3.6 所示的工具选项卡列表。从该列表可看到，文本框、绘图、艺术字、图示、组织结构图、图片等工具所带的"格式"选项卡命令是兼容模式的。

图 3.6　"Word 选项"对话框

3．快速访问工具栏

快速访问工具栏可实现常用操作工具的快速选择和操作。例如，保存、撤消、恢复、打印预览等。单击该工具栏右端的按钮，在弹出的下拉列表中选择一个左边复选框未勾选的命令，如图3.7所示，可以在快速访问工具栏右端增加该命令图标，要删除快速访问工具栏的某个按钮，只需要右击该按钮，如图3.8所示，在弹出的快捷菜单中选择"从快速访问工具栏删除"命令即可。

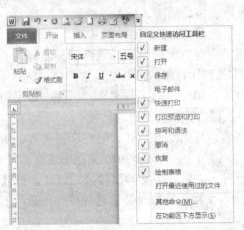

图3.7　"自定义快速访问工具栏"下拉列表

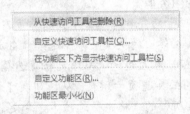

图3.8　删除快速访问工具栏按钮

用户可以根据需要设置快速访问工具栏的显示位置。单击该工具栏右端的下拉列表按钮，在弹出的下拉列表中选择"在功能区下方显示"命令，即可将快速访问工具栏移动至功能区下方。

4．状态栏

状态栏提供有文档的页码、字数统计、语言、修订、改写和插入、录制（添加了"开发工具"选项卡后才显示）、视图方式、显示比例和缩放滑块等辅助功能。以上功能可以通过在状态栏上单击相应文字来激活或取消。

下面介绍状态栏的几个功能。

①页码：显示当前光标位于文档第几页及文档的总页数。单击状态栏最左端的"页面"→"查找和替换"→"定位"选项卡，可以快速地跳转到某页、某行、脚注、图形等目标，如图3.9所示。

②修订：Word 具有自动标记修订过的文本内容的功能。也就是说，可以将文档中插入的文本、删除的文本、修改过的文本以特殊的颜色显示或加上一些特殊标记，便于以后再对修订过的内容进行审阅。

③改写和插入：改写指输入的文本会覆盖当前插入点光标所在位置的文本；插入是指将输入的文本添加到插入点所在位置，插入点后面的文本将顺次往后移。Word 默认的编辑方式

是插入。键盘上的 Insert 键可转换插入与改写状态。

图 3.9　"查找和替换"对话框

④录制：创建一个宏，相当于批处理。如果要在 Word 中反复执行某项任务，使用宏自动执行该任务。宏是一系列 Word 命令和指令，这些命令和指令组合在一起，形成了一个单独的命令，以实现任务执行的自动化。

要使用录制功能，必须先添加"开发工具"选项卡。具体操作步骤如下：

①在 Word 2010 功能区空白处右击，在弹出的快捷菜单中选择"自定义功能区"命令。

②在弹出的"Word 选项"对话框右端的"自定义功能区"列表框中选择"开发工具"复选框，此时"开发工具"选项卡出现在功能区右端，如图 3.10 所示。

图 3.10　"开发工具"选项卡

5. 任务窗格

Word 2010 窗口文档编辑区的左侧或右侧会在"适当"的时间被打开相应的任务窗格，在任务窗格中为读者提供所需要的常用工具或信息，帮助读者快速顺利地完成操作。编辑区左侧的任务窗格有审阅窗格、导航窗格和剪贴板窗格，编辑区右侧的任务窗格有剪贴画、样式、邮件合并和信息检索（信息检索、同义词库、翻译和英语助手）。

文档编辑区的左端是导航窗格，导航窗格的上方是搜索框，用于搜索当前打开文档中的内容。在下方的列表框中通过单击相应的 按钮，可以分别浏览文档、文档中的标题、文档中的页面和当前搜索结果，在该窗格中可以通过标题样式快速定位到文档中的相应位置、浏览文档缩略图，也可通过关键字搜索定位，下面分别介绍。

如果导航窗格没打开，单击"视图"选项卡的"显示"组中的导航窗格按钮即可打开导航窗格。以下三种定位方式能保证导航窗格已打开。

（1）通过标题样式定位文档。

如果文档中的标题应用了样式，应用了样式的标题将显示在导航窗格中，用户可通过标题样式快速定位到标题所在的位置。打开某个标题应用了样式的文档，在导航窗格的 选项卡下，可以看到应用了样式的标题，单击需要定位的标题，可立即定位到所选标题位置。

（2）查看文档缩略图。

单击"浏览您的文档中的页面"图标 ，可以看到文档的各页面缩略图。

（3）搜索关键字定位文档。

如果用户需要查看与某个主题相关的内容，可在导航窗格中通过搜索关键字来定位文档。例如，在导航窗格文本框中输入关键字"文档"，所搜索的关键字立即在文档中突出显示；单击"浏览您当前搜索的结果"图标 ，其中显示了文档中包含关键字的标题；单击需要查看的标题，即可定位到文档相应位置，如图 3.11 所示。

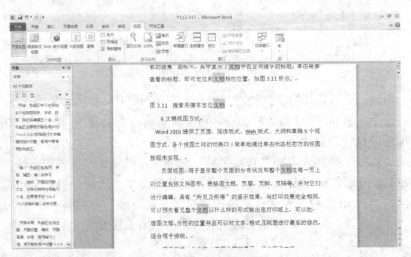

图 3.11   搜索关键字定位文档

6. 文稿视图方式

Word 2010 提供了页面、阅读版式、Web 版式、大纲和草稿 5 个视图方式。各个视图之间的切换可简单地通过单击状态栏右方的视图按钮来实现。

页面视图：用于显示整个页面的分布状况和整个文档在每一页上的位置包括文件图形，表格图文框，页眉、页脚、页码等，并对它们进行编辑，具有"所见及所得"的显示效果，与打印效果完全相同，可以预先看见整个文档以什么样的形式输出在打印纸上，可以处理图文框、分栏的位置并且可以对文本、格式及版面进行最后的修改，适合用于排版。

阅读版式：分为左/右两个窗口显示，适合阅读文章。

Web 版式视图：在该视图中，Word 能优化 Web 页面，使其外观与在 Web 上发布时的外观一致，可以看到背景，自选图形和其他在 Web 文档及屏幕上查看文档时常用的效果，适合网上发布。

大纲视图：用于显示文档的框架，可以用它来组织文档，并观察文档的结构，也为在文档中进行大规模移动生成目录和其他列表提供了一个方便的途径，同时显示大纲上工具栏，可给用户调整文档的结构提供方便，如移动标题与文本的位置，提升或降低标题的级别等。

草稿视图：用于快速输入文件、图形及表格并进行简单的排放，这种视图方式可以看到版式的大部分（包括图形），但不能显示页眉、页脚、页码，也不能编辑这些内容，也不能显示图文的内容，以及分栏的效果等，当输入的内容多于一页时系统自动加虚线表示分页线，适合录入。

7. 缩放

在"视图"菜单栏"显示比例"工具栏中，单击"显示比例"操作按钮，会弹出"显示比例"对话框，可以对文档进行显示比例的设置，如图 3.12 所示。另外，用户也可以按住 Ctrl

键滚动鼠标滑轮来进行显示比例的调整，这种方法也可实现单页显示与多页显示之间的切换。

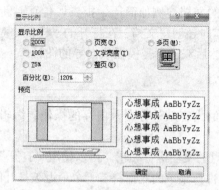

图 3.12　"显示比例"对话框

8. 快捷菜单

右击选中文稿或右键激活插入元素，都会在点击处出现快捷菜单，该菜单有上下两个框面，上面是选中对象的属性，下面是该对象的快捷菜单。使用快捷菜单能快速对该对象进行各种操作或设置。

3.2　文档的基本操作

3.2.1　建立文档

1. 新建空白文档

当用户要建立新文档时，单击"文件"→"新建"命令，出现如图 3.13 所示的任务窗格，单击"空白文档"或是单击"本机上的模板"弹出"模板"对话框，单击"常用"选项卡中的"空白文档"图标，单击"确定"按钮，即可建立一个新文档。或者直接单击"常用"工具栏上的"新建"按钮。

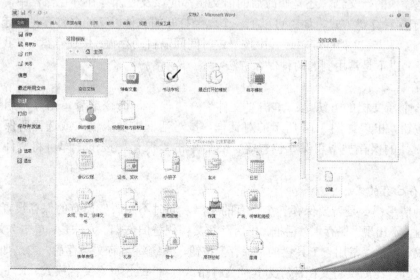

图 3.13　"新建"窗口

2. 使用模板和向导创建文档

如果需要创建特定格式的文档，例如简历、报告、传真、新闻稿或各种英文文档等，则可以利用 Word 丰富的模板和向导创建文档。在打开的"模板"对话框中，根据要创建文档的类型，单击相应的选项卡，然后双击所需模板或向导的图标。

3.2.2 打开文档

文档的打开是指把文档的内容从外存调入内存的操作。编辑已存在的文档，必须先将其打开，才能对其进行操作。

如果要对一个已存入磁盘的文档进行编辑，可以使用"打开"命令打开该文档。若文档最近被使用过，Word 会在"文件"菜单的底部将若干个最近被打开的文档列出，以便用户选择。

打开已有文档的常用方法：单击"文件"→"打开"命令，或者单击"常用"工具栏的"打开"按钮。

打开文档的方法主要有以下 5 种：

（1）"我最近的文档"文件夹。该文件夹用来查找和打开最近使用过的文件。

（2）"桌面"文件夹。用来存放桌面上各快捷方式或文件夹。

（3）"我的文档"文件夹。该文件夹保存我们常用的文件，以便快速访问。

（4）"我的电脑"文件夹。用来保存整个电脑中的文件夹和文件。

（5）"网上邻居"文件夹。用于查找和打开整个局域网络上共享的文件夹和文件。

在"打开"对话框中，确定文档的保存位置和保存类型之后，即可在空白区域查看到满足条件的文档，单击要打开的文档，单击"打开"按钮。Word 还允许同时打开多个文档进行操作，每个文档都有独立的窗口。

可以进行文档之间的切换操作。但不管打开了多少个文档，在同一时刻只有一个是活动文档。我们只能对活动文档进行操作，所以要编辑一个打开的文档，必须首先选中激活它。

3.2.3 保存文档

不论是输入的新文档，还是修改后的旧文档都应该及时保存在外存储器中，以备使用。Word 提供了多种存盘方式，如：可以把一个已经打开的文件以新的名称存盘，起到备份旧文件的作用；也可以在文档的编辑过程中按一定时间间隔自动存盘；快速存盘等，我们可根据需要进行选择。以下是常用到的两种保存方法。

1. 保存新文档

保存一个新文档的方法是：单击"文件"→"保存"命令或者单击"常用"工具栏的"保存"按钮，出现如图 3.14 所示的对话框。按对话框中要求输入或选择所保存新文档的文件名、文件的保存类型和保存位置等，然后单击"保存"按钮，即可将文件保存在指定的路径下。

2. 保存已有的文档

有两种情形：一是若要保存一个已有的文档，同时不想改变已有的保存设置，则编辑完后直接存盘，不出现"保存"对话框，由所存新文档代替旧文档。方法是：单击"文件"→"保存"命令或者单击"常用"工具栏的"保存"按钮，系统将当前文档存盘。二是如果想改变已有的保存设置，比如要将文档保存为其他文件格式（如 Web 页、文档模式、RTF 格式和纯文本等）或需要更名保存，或改变保存位置，则可单击"文件"→"另存为"命令，出现如图

3.14 所示的"另存为"对话框，在对话框中，根据需要设定保存格式，单击"保存"按钮即可。

图 3.14　"另存为"对话框

3.2.4　关闭文档

关闭文档有三种情况：退出 Word 之前；关机之前；打开的文档太多，暂时不被操作的文档，都应及时关闭以释放内存空间。方法是单击文档窗口右端的"关闭"按钮即可关闭当前文档。

3.2.5　保护文档

Word 2010 提供两种加密文档的方法。

1. 使用"保护文档"按钮加密

"保护文档"按钮提供了 5 种加密方式，各种方式加密后的文档权限在图 3.15 都能看到详细描述，这里以最常用到的"用密码进行加密"方式对文档进行加密。

（1）选择"文件"→"信息"命令，单击"保护文档"按钮，弹出下拉列表，如图 3.15 所示。

（2）选择"用密码进行加密"选项，弹出如图 3.16 所示"加密文档"对话框，输入密码，单击"确定"按钮。

（3）弹出图 3-17 所示"确认密码"对话框，再次输入密码，单击"确定"按钮。如果确认密码与第一次输入的不同，系统会弹出"确认密码与原密码不同"的信息提示框，单击"确定"按钮，可重返"确认密码"对话框，重新输入密码。

设置好后，"保护文档"按钮右侧的"权限"两字由原来的黑色变成了红色。要打开设置了密码的文档，用户必须在系统弹出的"密码"对话框中输入正确的密码，否则系统会提示密码错误，无法打开文档。

2. 使用"另存为"对话框加密

选择"文件"→"另存为"命令，会弹出"另存为"对话框，在对话框下方单击"工具"

→"常规选项"按钮，弹出对话框，在该对话框可以设置打开文件时的密码和修改文件时的密码，如图 3.18 所示。

图 3.15 "保护文档"按钮

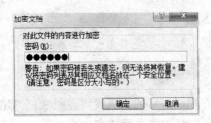

图 3.16 "加密文档"对话框

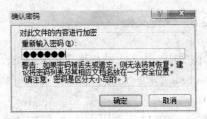

图 3.17 "确认密码"对话框

图 3.18 "常规选项"对话框

3.3　编辑和排版文档

3.3.1　文档的编辑

1．文档的输入

当进入 Word 时，若没有指定文档名，系统将自动打开一个名为"文档 1"的空白文档，垂直闪烁的光标插入点指示录入字符的位置。

在输入文本时，要注意下列组合键的使用：

按 Ctrl+Space 组合键，可切换"中文/英文"输入模式。

按 Shift+Space 组合键，可切换"全角/半角"输入模式。

按 Ctrl+Shift 组合键，可完成各种中文输入法之间的切换。

Word 有自动约定行宽的功能，只要输入的文本到达右边界，文字将自动跳到下一行。

Word 2010 文档输入时，将光标移到页面的任何位置，单击后即可进行输入。

如果要输入标点符号或特殊符号，依次单击"插入"→"符号"命令，选择所需的符号。如果需要选择更多样式符号，点击"符号"选项中的"其他符号"，如图 3.19 所示。但对于经常使用的符号，比如"，"与"。"等，可以直接由键盘输入。

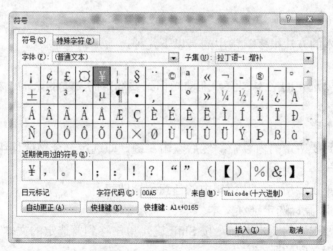

图 3.19　"符号"对话框

2．文本的插入

在输入完文档之后，我们往往会发现一些不妥之处，需要进行修改，修改时常常用到插入和删除两种基本操作。

若要在文档中插入内容，应先把光标插入点移到指定位置，在插入点右边输入要插入的内容即可。也可以利用"插入"选项卡，在文档中插入"日期和时间"、"插图"、"文本"、"符号"文件等，如图 3.20 所示。

3．文本的删除

若要删除文档中的内容，应先把光标插入点移到欲删除内容的左边或右边，然后按 Backspace 键删除插入点左边的内容，或按 Del 键删除插入点右边的内容。在后面学习了选定之后，就可以一次性删除连续的内容。方法是：先选定文本，再按 Del 键或 Backspace 键即可。

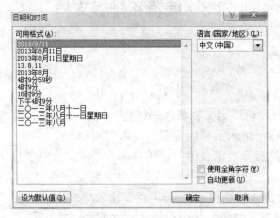

图 3.20 插入"日期和时间"对话框

4. 撤消和恢复

在对文档的各种编辑操作过程中，随时可以用常用工具栏中的"撤消"或"恢复"命令。比如，你刚误删了一段有用的内容，及时单击"撤消"命令，就可以恢复被删除的内容了。

3.3.2 文本的选定

1. 用鼠标选定文本

用鼠标选定文本的方法很多，常用的有以下几种：

①在文本上拖动。

把光标插入到要选定的文本之前，拖动光标到要选定的文本的末端，松开左键，被选定的内容变成黑底白字。

②双击选定一个字或词组。

先把光标定位到要所定的内容中，然后双击左键，即选定一个字或词组。

③单击选定一句。

按住 Ctrl 键，单击要所定的某一句中的任意位置即可。

④使用 Shift 键和鼠标选定连续文本。

把光标插入到要选取的文本之前，按 Shift 键，单击移到要选定的文本末尾，单击左键，即选定两个插入光标之间的所有文本。

⑤单击选定一行。

把光标移到该行的左侧空白区域，直到其变为一个指向右上方的箭头，此时单击左键，即可选定一整行。

⑥选定一段。

把光标插入到段内的任意位置，连续单击三次左键，即可选定一段。

⑦选定矩形文本块。

把光标置于选定文本的一角，按住 Alt 键，沿对角线拖动鼠标即可。

⑧选定文档的全部内容。

单击"开始"→"编辑"→"选择"→"全选"命令即可。

2．用键盘选定文本

①用 Shift 键与方向箭头键选定。

把光标置于所要选定的文本首部（或尾部），按住 Shift 键，同时按"↑、↓、→、←"箭头键，可以选定一个字、一行、一段，甚至整个文档。

②选定整个文档：按快捷键 Ctrl+A。

3.3.3　文本的剪切、复制和粘贴

1．文本的剪切

文本的剪切就是将文本中已选定的部分剪切下来，剪切下的内容被 Word 放到剪贴板中，以供用户将其移动或复制到新的位置时使用。执行剪切命令后，被选定的内容从屏幕上消失。也可以用这种方法删除文本。剪切文本的操作方法：选定要剪切的文本，单击"开始"→"剪贴板"→"剪切"命令，或者在选定文本上右击选择"剪切"命令。

2．文本的复制

复制是文档编辑中重要的操作之一。利用此功能，用户可对文档中相同的内容进行重复操作，从而避免了许多重复性的输入工作。

复制文本有两种方法：一是拖动的方法。首先选定要复制的文本，将光标移到选定的文本上，按下左键，同时按住 Ctrl 键并拖动到所需位置，放开 Ctrl 键及鼠标左键即可。二是单击"开始"→"剪贴板"→"复制"命令，或者在选定文本上右击选择"复制"命令。值得注意的是，执行复制命令后，被选定的内容仍保留在原来位置。

3．文本的粘贴

粘贴文本就是将剪切或复制到剪贴板上的内容，移动或复制到新的位置。

（1）移动文本。使用"剪切+粘贴"操作：选定要移动的文本，单击"开始"→"剪贴板"→"剪切"命令，移动光标到所需位置上，单击"开始"→"剪贴板"→"粘贴"。另外一种快速移动文本的方法是将光标移到选定的文本上，按住左键拖动文本到所需位置，松手即可。

（2）复制文本。使用"复制+粘贴"操作：选定要复制的文本，单击"开始"→"剪贴板"→"粘贴"命令，移动光标到所需位置上，单击"开始"→"粘贴"即可。

3.3.4　查找和替换

查找与替换功能对编辑文档来说是必不可少的，所有的文字处理软件几乎都提供了这一功能。查找是在文档中找到我们需要的文字，替换是将找到的文字替换为用户需要的内容。利用这一功能，可以实现批量修改一个文档中相同的内容，而且在替换时还可以设置新内容的格式。使用方法：单击"开始"→"编辑"→"查找"或"替换"命令，按提示设置即可。

3.3.5　设置字符格式

对字符格式的设置，在字符录入的前后都可以进行。录入前，可以通过选择新的格式定义对将录入的文本进行格式设置；对已录入的文字进行格式设置时，要遵循"先选定，后操作"的原则。如图 3.21 所示"字体"对话框中包含了设置字符格式的所有功能。

1．改变文字的字体

选定要改变字体的文本，单击"开始"→"字体"中所需的字体。

2. 改变文字的字号

选定要改变字号的文本，单击"开始"→"字体"中所需的字号。

3. 改变文字的字形

选定要改变字形的文本，单击"开始"→"字体"中的"加粗"、"倾斜"或"下划线"命令，即可设置文字的粗体、斜体、下划线三种字形效果。这三个命令既可以组合使用，也可以单独使用。这些命令属于开关型按钮。单击其中的任一按钮，即可对已选定的字符进行设置，再次单击该按钮，表示取消此设置。

4. 改变文字的颜色

选定要改变颜色的文本，单击"开始"→"字体"→"字体颜色"下拉菜单，打开颜色列表，单击列表中所需颜色即可。

5. 设置文字特殊效果

如果需要设置文字特殊效果（如阴影、空心、阳文、阴文及删除线等）时，就需要使用"字体"对话框。操作如下：

选定要设置文字特殊效果的文本，右击选择快捷菜单中的"字体"命令，出现如图 3.21 所示的对话框。

在"字体"对话框的"字体"选项卡中，选择相应的选项。例如，要将选定的文本设置为空心，则选中"效果"框内的"空心"复选框。在"预览"框中可以看到设置的效果。若对选择满意时，则单击"确定"按钮即可。

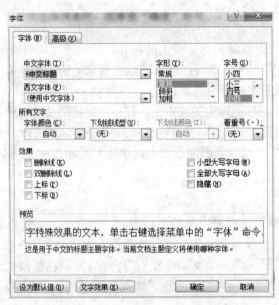

图 3.21　"字体"对话框"字体"选项卡

6. 设置字符缩放

选定要设置文字特殊效果的文本，右击选择快捷菜单中的"字体"命令，在出现的对话框中单击"高级"选项卡，如图 3.22 所示，在"字符间距"组的"缩放"框中输入所需的百分比。

7. 设置字符间距

选定要设置文字特殊效果的文本，在如图 3.22 所示的对话框中，单击"字符间距"组中

"间距"下拉列表框，在"标准"、"加宽"或"紧缩"三个选项中任选其一，并在后面对应的"磅值"设置框中设定要调整字符间距的大小。

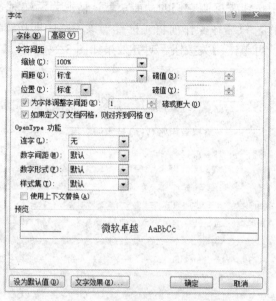

图 3.22　"字体"对话框"高级"选项卡

8．设置边框和底纹

（1）添加边框和底纹。选定要设置边框和底纹的文本，依次单击"页面布局"→"页面背景"→"页面边框"选项，显示如图 3.23 所示的对话框。其中，"边框"是对所选文本或所选段落设置边框，"页面边框"是对文档页面进行设置边框，"底纹"是对所选文本或所选段落设置底纹。

图 3.23　"页面边框"对话框

3.3.6　设置段落格式

段落是文档的重要的组成部分，Word 中多文档的设置主要集中在对文字、段落、图文混排的设置。下面介绍经常使用到的段落设置。

1. 设置对齐方式

Word 中可以将段落设置为文本左对齐、居中、文本右对齐、两端对齐和分散对齐五种。"段落"设置工具栏中用按钮来标明它们的功能，默认情况为两端对齐方式。

如果对一个段落操作，只需在操作前将光标置于该段落中即可。如果对几个段落操作，先选定需要操作的段落，再单击相关按钮。对齐效果如图 3.24 所示。

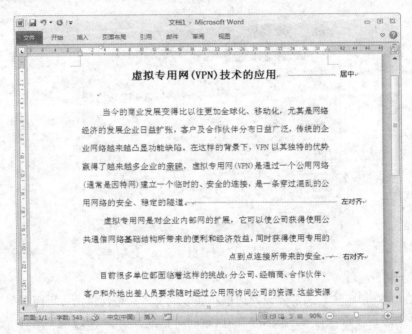

图 3.24　设置对齐方式示例

2. 设置缩进方式

段落缩进可以改变段落与页边之间的距离，使文档段落更加清晰。我们可以使用标尺、"页面布局"工具栏中的"页面设置"工具组或者"段落"对话框来设置段落缩进方式。

（1）使用标尺设置缩进。依次单击"视图"→"显示"→"标尺"命令，显示水平、垂直标尺，如图 3.25 所示。

首行缩进：控制段落的第一行第一个字的起始位置。

悬挂缩进：控制段落中除第一行之外的其他各行的缩进位置。

左缩进：控制段落相对于左页边距的位置。

右缩进：控制段落相对于右页边距的位置。

设置段落缩进时，首先在操作前将光标置于该段落中。如果对多个段落进行缩进，先选定这几个段落，再拖动所需的缩进标记。

图 3.25　水平标尺上的缩进标记

（2）使用缩进按钮设置缩进。依次单击"页面布局"→"段落"→"缩进"，可以很快设置一个或多个段落的缩进位置。每次单击"缩进"按钮，所选段落将左缩进或右缩进一定量。

（3）使用对话框设置段落缩进。如果要精确设置段落的缩进，可按如下方法操作：先选定所要设置的段落，依次单击"开始"→"段落"，点击"段落"工具组右下方图标，显示"段落"对话框。单击"缩进和间距"选项卡，如图 3.26 所示。

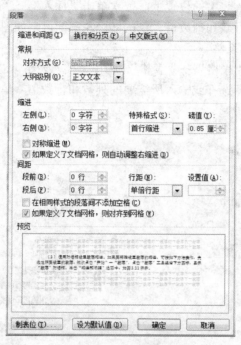

图 3.26　"段落"对话框

在"缩进"框内有三个选项："左侧"、"右侧"和"特殊格式"。在上述下拉列表框中选择相应的缩进方式，则 Word 能够以精确的量值定义段落缩进。设置完毕后，单击"确定"按钮。

3. 设置行距

调整行与行之间的间距可以使文章更清晰，方便阅读。Word 允许改变文本的行距，将行距设置为单倍行距、1.5 倍行距、固定值行距等。具体操作如下：选定要设置行距的段落，依次单击"开始"→"段落"→"行和段落间距"，在下拉列表中选择所需数值的行间距。另外，也可以在图 3.26 的"段落"对话框中设置段前间距、段后间距和行距。

4. 利用格式刷

用格式刷复制字符和段落格式非常简便，方法有单击格式刷（单次复制）和双击格式刷（多次复制）。

3.4　表格的基本操作

在日常生活中，我们经常采用表格的形式将一些数据分门别类、有条有理地表现出来，例如职工档案表、成绩表等。一张表是由行和列组成的若干方框，每个方框称为单元格。我们可以向其中填充文字和图形，各单元格内的正文会自动换行，因此可以很方便地添加或删除正文而不会把表格弄乱。

Word 2010 为表格的处理工作提供了一种十分方便的手段，可以使用工具栏或菜单命令，方便、迅速地建立表格，建立后的表格可以根据工作需要随时进行修改。

3.4.1 创建表格

1．使用工具栏创建表格

将光标定位在需要插入表格的位置上，依次单击"插入"→"表格"→"表格"，在打开的下拉列表中选择合适的行数和列数后，单击鼠标左键即可，如图 3.27 所示。

2．使用菜单命令创建表格

依次单击"插入"→"表格"→"表格"，弹出"插入表格"对话框，如图 3.28 所示。在"列数"和"行数"框中，选择或输入所需要的列数和行数值，单击"确定"按钮。

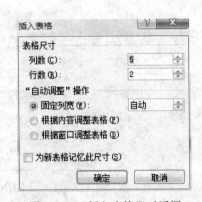

图 3.27　直接选择表格的行列数　　　　　图 3.28　"插入表格"对话框

表格插入后，可以为其添加样式，方法为：在文本中把光标置于表格中，出现"表格工具"菜单栏，依次点击"表格工具"→"设计"→"表格样式"，在表格样式中单击所需的样式即可，如图 3.29 所示。

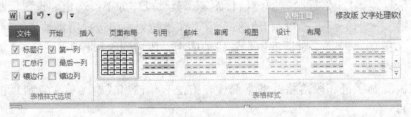

图 3.29　"表格样式"对话框

3．用笔绘制复杂表格

依次单击"插入"→"表格"→"表格"→"绘制表格"，如图 3.30 所示。将光标移到编辑区中，光标将变成笔形，按住鼠标左键在编辑区中拖动，以绘制表格的外框。外框的绘制完成后，出现表格编辑工具栏，如图 3.31 所示。利用笔形指针在外框内划横线，竖线或斜线等，即可绘制出复杂的表格。

4．用现有的表格模板绘制表格

依次单击"插入"→"表格"→"表格"→"快速表格"，如图 3.30 所示。在打开的模板列表中，单击所需的模板即可。

图 3.30　"绘制表格"打开方式

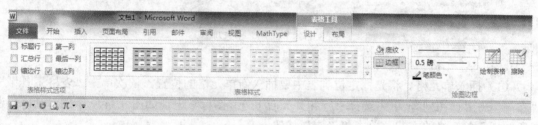

图 3.31　"表格工具"选项卡

5. 将文字转换成表格

有时，在输入的文本与文本之间加入制表符、空格或逗号等作为分隔，可以直接将文字转换成表格。

选定要转换成表格的文本，依次单击"插入"→"表格"→"表格"→"文本转换成表格"，出现如图 3.32 所示的对话框，在"文字分隔位置"框中选择一种分隔符，一般为默认选择，单击"确定"按钮。

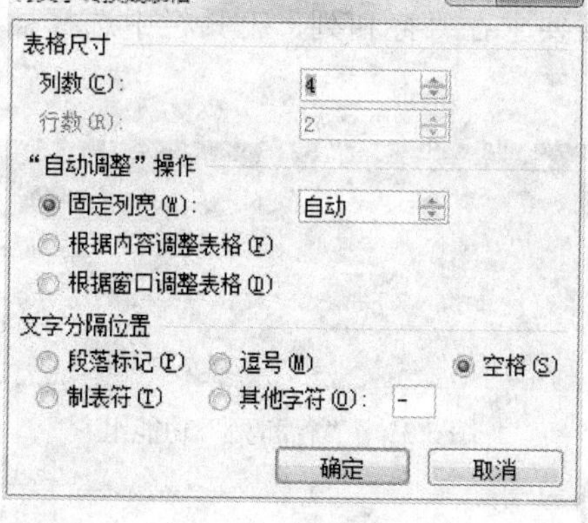

图 3.32　"将文字转换成表格"对话框

3.4.2 编辑和排版表格

1. 输入表格内容

创建表格之后，生成的只是一张空表，需要填入数据。填入数据的操作步骤一般是将插入点移至需要填入数据的单元格中，再输入数据即可。

2. 选择单元格、行、列或表格

对表格的编辑与对正文的编辑一样，也必须先选择操作的对象后再进行编辑操作。

如需对表格进行操作，则选中需要设置的表格，然后依次单击"表格工具"→"设计"或"布局"选项卡，对表格的样式、边框、底纹、合并、插入、高宽等属性设置，如图 3.33 所示。

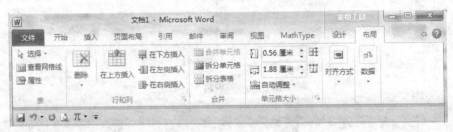

图 3.33　"布局"子选项卡

3. 插入单元格、行或列

（1）插入单元格。将光标定位到表中要插入新单元格的位置，依次单击"表格工具"→"布局"→"行和列"，单击选择"行和列"右下方 图标，出现如图 3.34 所示的对话框，选择所需插入单元格的方式，单击"确定"按钮。

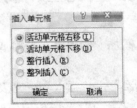

图 3.34　"插入单元格"对话框

（2）插入行和列。将光标定位到表中要插入新行的位置，依次单击"表格工具"→"布局"→"行和列"，然后根据要求在"行和列"工具栏中选择插入行和列的方式，如图 3.35 所示。

图 3.35　"行和列"功能组

4. 删除单元格、行或列

选择要删除的单元格、行或列，依次单击"表格工具"→"布局"→"行和列"→"删除"，出现"删除"下拉列表对话框，如图 3.36 所示。选择删除单元格的方式选项，单击按钮确定。

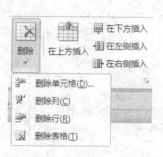

图 3.36　表格"删除"列表

5.　调整行高、列宽或表格大小

方法有两种：一是利用"表格工具"中的表"属性"或右键快捷菜单中的"表格属性"；二是手动调整，调整方法如下：

（1）调整表格行高。将鼠标指针停留在要更改其高度的行边框上，指针变为上下双箭头图形时拖动边框，到所需的行高为止。若在拖动的同时按住 Alt 键，Word 将在垂直标尺上显示行高值。

（2）调整表格列宽。将鼠标指针停留在要更改其宽度的列边框上，指针变为左右双向箭头图形拖动边框，到所需的列宽为止。若在拖动的同时按住 Alt 键，Word 将在水平标尺上显示列宽值。如果在拖动标尺上的列标记或列边框的同时按住 Shift 键，还可以同时改变整张表格的宽度。

（3）调整表格大小，将鼠标指针停留在表格上，直到表格尺寸控点出现，将光标定位到该控点（表格右下角）上，出现一双箭头后，拖动表格的边框到所需的尺寸大小。

6.　设置单元格和表格的格式

（1）边框和底纹。选择单元格或整张表格，光标放置其上右击，在弹出的快捷菜单中单击"边框和底纹"命令，按要求设置即可。

（2）对齐方式。选择单元格或整张表格，依次单击"表格工具"→"布局"→"对齐方式"，设置单元格中的内容在该格中的对齐方式（有 9 种）或是整张表格在页面中的水平对齐格式（有 3 种）。

（3）与文字的环绕方式。选择整张表格，单击"表格"中的"表格属性"或利用快捷菜单中的"表格属性"，选择相应的文字环绕类型即可。

7.　合并或拆分单元格

（1）合并单元格。选择想要合并的两个或多个单元格，依次单击"表格工具"→"布局"→"合并"→"合并单元格"，或者右击，选择"合并单元格"选项。

（2）拆分单元格。选择想要拆分的单元格，依次单击"表格工具"→"布局"→"合并"→"拆分单元格"，或者右击，选择"拆分单元格"选项。如图 3.37 所示，在"拆分单元格"对话框中，选择或输入需要拆分的行数和列数，单击"确定"按钮。

8.　拆分表格

将一张表格拆分成两张表格，方法是：首先将光标定位到要拆分的表格中某一位置，然后依次单击"表格工具"→"布局"→"合并"→"拆分表格"选项。

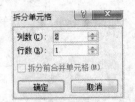

图 3.37   "拆分单元格"对话框

9. 复制表格

把表格中连续的一部分或者整个表格拷贝出来，作为一个单独的表格使用，复制方法与前面讲的文字的复制相同。

10. 标题行重复

如果同一表格分在几页中显示，则除第一页外，其他页中的表格都没有表头，不便于查阅。在 Word 中使用标题行重复来解决这个问题。方法是：选择表格的第一行，然后依次单击"表格工具"→"布局"→"数据"→"重复标题行"命令，则在每页的表格中都出现标题行。

3.4.3   表格的计算功能

在 Word 中不仅可以创建和编辑表格，还可以对表格中的数据进行计算等操作，使一些统计工作更方便、快捷。

1. 行或列数据求和

选择或者将光标插入点移到用来存放求和结果的单元格中（通常是一行或一列数据之后邻近的一个空白单元格），然后依次单击"表格工具"→"布局"→"数据"→"公式"命令，出现如图 3.38 所示的"公式"对话框。若按列求和，将按公式=SUM(ABOVE)进行计算；若按行求和，将按公式=SUM(LEFT)进行计算，如果"公式"框中设置的求和方式与要求不一致，则可以在"公式"框中输入求和公式，然后单击"确定"按钮。

图 3.38   "公式"对话框

选中求出的结果，把它复制到相同操作格式的单元格中，选中这一行（或一列），按一下F9 键，其余列（或行）的和就都可以计算出来。

2. 其他计算

在 Word 中，除自动求和外，还可以利用相应的公式对表格中的数据进行加、减、乘、除、求平均数、求百分比、求最大值和最小值等运算。

方法是：先将插入点移到存放运算结果的单元格中，在"公式"对话框中，可以通过"粘贴函数"下拉列表框，从中选取所需的函数，被选中的函数被自动粘贴到"公式"框中（也可从键盘手工输入计算公式），最后单击"确定"按钮。

3.5　图片处理

为了使文档更美观大方，Word 还提供了丰富的图片处理功能，只用简单的操作就能实现图文混排。在 Word 中，图片包括自己绘制的自选图形和艺术字等；还有直接插入的位图、扫描的图片和照片以及剪贴画等。

3.5.1　插入图片

1．插入剪贴画

将光标插入点定位于要插入剪贴画或图片的位置，依次单击"插入"→"插图"→"剪贴画"，打开的是剪贴画任务窗格。单击"搜索"按钮，显示剪辑库中的所有图片，如图 3.39 所示。单击所需剪贴画，剪贴画就被插入到文档中。为了更准确地找到所需的图片，也可以先设置"结果类型"，再单击"搜索"按钮。

图 3.39　"剪贴画"任务窗格

2．插入来自文件的图片

将光标插入点定位于将要插入剪贴画或图片的位置，依次单击"插入"→"插图"→"图片"，然后在"插入图片"对话框中，如图 3.40 所示，找到被插入图片的路径和文件名，最后单击"插入"按钮，即可将此图片插入到文档中。

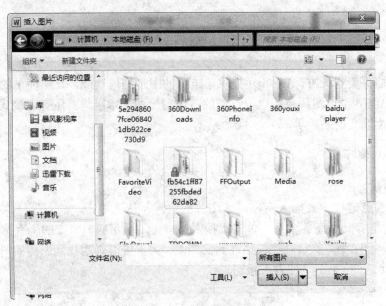

图 3.40　"插入图片"对话框

3. 插入其他图形对象

依次单击"插入"→"插图"→"形状"，出现"插入图形"选项框，如图 3.41 所示。

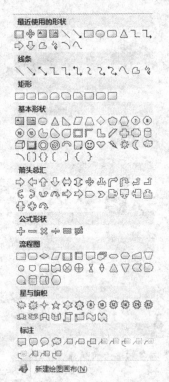

图 3.41　"绘图工具栏"中的自选图形

4. 插入艺术字

依次单击"插入"→"文本"→"艺术字"，出现"插入艺术字"选项框，如图 3.42 所示，点击选定样式适合的艺术字型。

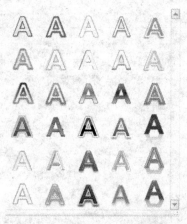

图 3.42　插入艺术字对话框

5. 插入 SmartArt 图

依次单击"插入"→"插图"→"SmartArt"，出现"插入 SmartArt"选项框，在列表中选择需要的图形即可，如图 3.43 所示。

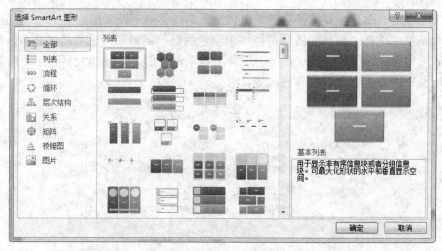

图 3.43　选择"SmartArt"图形对话框

3.5.2　编辑图片

插入文档的图片，可利用图片工具对图片的大小、位置和颜色等重新进行编辑。

1. 调整图片的位置

用鼠标拖动。选定需要移动的图片，将图片拖动到新的位置。

2. 改变图片的大小

（1）通过拖动尺寸控制点。单击需要调整的图片，图片周围出现八个小方块，即尺寸控制点。拖动尺寸控制点，直到所需的形状和大小为止。若拖动拐角尺寸控制点，则保持图片比例不变，否则图片比例发生变化。

（2）通过对话框。选定需要调整的图片，单击右键选择"大小和位置"，如图 3.44 所示，在"布局"对话框中，单击"大小"选项卡，在"缩放"框中的"高度"和"宽度"框内选择或者输入所需比例，单击"确定"按钮。

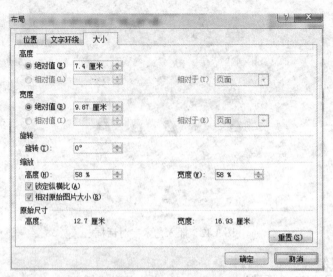

图 3.44　"布局"对话框"大小"选项卡

3. 裁剪图片

选中需要裁剪的图片，并单击右键弹出快捷菜单，单击"设置图片格式"，出现"设置图片格式"对话框，选择"裁剪"选项，按要求输入数据，可对图片进行精确裁剪，如图 3.45所示。或者选中要操作图片，依次点击"图片工具"→"格式"→"大小"→"裁剪"，拖动周围的控制点对图片进行不太精确的裁剪。

图 3.45　"设置图片格式"工具栏

3.5.3　图文表混排

插入到 Word 文档中的图片、文本框或表格有多种文字环绕方式，改变它们的环绕方式可以创建各种图文表混排效果。

1. 设置自动换行方式

在页面视图中，选定图片或图形对象，依次单击"图片工具"→"格式"→"排列"→

"自动换行"，在"自动换行"下拉列表中，如图 3.46 所示，可根据要求选择图文布局方式。

2. 编辑图形对象位置

在页面视图中，选定图片或图形对象，依次单击 "图片工具"→"格式"→"排列"→"位置"，在"位置"下拉列表中，如图 3.47 所示，可根据要求选择图文布局方式。

图 3.46　"自动换行"图文布局选项　　　　　图 3.47　"位置"图文布局选项

3.6　邮件合并

在实际工作中，常常需要处理不少简单报表、信函、信封、通知、邀请信或明信片，这些文稿的主要特点是件数多（客户越多，需处理的文稿越多），内容和格式简单或大致相同，有的只是姓名或地址不同，有的可能是其中数据不同。这种格式雷同的、能套打的批处理文稿操作，利用 Word 中的"邮件合并"功能就能轻松实现。

3.6.1　邮件合并概念

这里需要说明的是"邮件合并"并不是真正两个或多个"邮件"合并的操作。"邮件合并"合并的是两个文档，一个是设计好的样板文档"主文档"，主文档中包括了要重复出现在套用信函、邮件选项卡、信封或分类中的固定不变的通用信息；另一个是可以替代"标准"文档中的某些字符所形成的数据源文件，这个数据源文件可以是已有的电子表格、数据库或文本文件，也可以是直接在 Word 中创建的表格。

3.6.2　邮件合并实例

下面就以一个实例说明"邮件合并"的操作。执行步骤见例 1。

【例 1】分别建立如图 3.48、图 3.49 所示的主文档及数据源，生成一个月销售通知书派发到各分销店，将 8 月份分销店的各项设备品种的销售情况列出在通知单中，生成的邮件合并文档命名为"月销售情况通知.docx"。

①设置页面纸张，切换到"页面布局"选项卡，设置"纸张"的宽度为 21 厘米，高度为 13 厘米，本例是按信函格式设置纸张大小，既节省纸张，也便于打印。

②创建一个样板文档"主文档"，创建的内容如图 3.48 所示，文件名为"分销店.docx"。创建一个数据源文件，本例创建的是 Word 表格格式的"销售单.docx"文档，如图 3.49 所示。

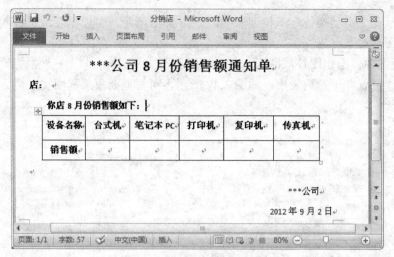

图 3.48　"主文档"文件

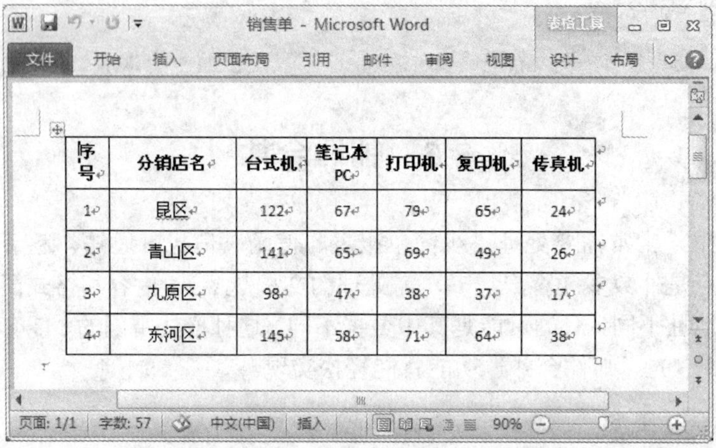

图 3.49　数据源 Word 表格文件

　　注意，"主文档"里的分销店名、各设备器材的名称与"销售单.docx"数据源文件的数量形成一对一的套打关系。

　　③关闭数据源文档，打开"分销店.docx"文档，依次单击"邮件"→"开始邮件合并"→"开始邮件合并"→"信函"命令。

　　④依次单击"邮件"→"开始邮件合并"→"选择收件人"→"使用现有列表"命令，打开"选取数据源"对话框，如图 3.50 所示。

　　⑤在"选取数据源"对话框的地址栏输入数据源文件即"销售单.docx"文档路径后，单击"打开"按钮，系统返回主文档窗口。

　　⑥此时主文档窗口的"邮件"选项卡的"开始邮件合并"组的"编辑收件人列表"按钮由灰色变成可选态，单击该按钮，会弹出"邮件合并收件人"对话框，如图 3.51 所示。

　　⑦单击"邮件合并收件人"对话框的"确定"按钮，返回主文档窗口，此时"邮件"选项卡的"编写和插入域"组的"插入合并域"命令由灰色变成可选态，单击该命令，可弹出由"分销店名、台式机、笔记本 PC、打印机、复印机、传真机"组成的"插入合并域"对话框，如图 3.52 所示。

图 3.50　"选取数据源"对话框

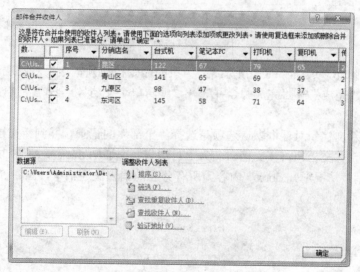

图 3.51　"邮件合并收件人"对话框

图 3.52　"插入合并域"对话框

⑧插入合并域：将光标置于主文档的正文开始"店"字前，依次单击"邮件"→"编写和插入域"→"插入合并域"→"分销店名"命令，可在光标处插入占位符《分销店名》，重复上述操作，分别置光标在主文档的其他单元格中，从"插入合并域"列表选择对应的插入域插入光标处，完成后如图3.53所示。

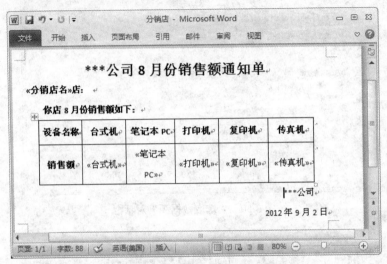

图 3.53　插入合并域后的"标准文档"

⑨可通过"邮件"选项卡的"预览结果"组的命令按钮预览结果，发现无错误后，依次单击"邮件"→"完成"→"完成并合并"→"编辑单个文档"，会弹出"合并到新文档"对话框。

⑩"合并到新文档"对话框默认选项是选择"全部"的记录合并到新文档，单击"确定"按钮，即可生成合并文档，将该文档命名为"月销售情况通知.docx"，如图3.54所示。

（注："月销售情况通知.docx"内容为所有分店的销售额通知单，图 3-53 所示截图为邮件合并文档第一页的内容）

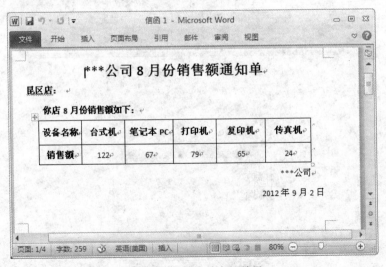

图 3.54　邮件合并套打结果

3.7 页面和打印设置

页面设置主要包括：纸张大小、页边距、页面方向及对齐方式等的设置，改变其中的某项设置将会影响到文档的部分或所有页面，也将决定文档打印的效果。

3.7.1 页面设置

1. 设置页边距

Word 2010 中文版默认正文的左右页边距为 3.17 厘米，上下页边距为 2.54 厘米，这些只有在页面视图中才能看到。录入时，文本自动向左边距对齐。用户可根据页边距的设置，自行设计出更具特点的页面。

依次点击"页面布局"中"页面设置"功能组右下方的 图标，弹出"页面设置"对话框，在"页面设置"对话框中，单击"页边距"选项卡，如图 3.55 所示，在"上"、"下"、"左"、"右"框中分别输入或选择所需的数值，根据"预览"窗口内显示的预览效果，调整设置值，单击"确定"按钮。

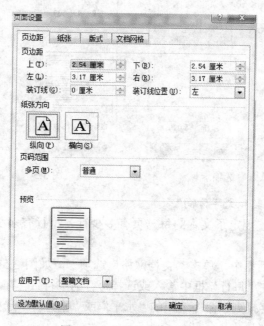

图 3.55　"页边距"选项卡

2. 设置纸张大小

Word 2010 提供了多种预定义的纸张大小，常用的有 A4、B5、16 开、32 开等，此外，还可以自定义纸张大小，但受计算机所安装的打印机型号限制。

依次点击"页面布局"中"页面设置"功能组右下方的 图标，弹出"页面设置"对话框，在"页面设置"对话框中，单击"纸张"选项卡，如图 3.56 所示。单击"纸张"下拉列表框的向下箭头，选取某一规格纸张后，单击"确定"按钮。

3. 设置页面方向

Word 文档有两种页面方向，即：纵向（垂直）和横向（水平）。在"页面设置"对话框的

"页边距"选项卡中，可点击选择纸张方向"横向"或"纵向"。当在纵向和横向之间切换时，"预览"框中显示的文档效果将随之改变，设置完成后，单击"确定"按钮。

4．设置对齐方式

垂直对齐方式决定了段落文字相对于上页边距和下页边距的位置。垂直对齐方式有：顶端对齐、居中对齐、两端对齐和底端对齐四种方式。

依次点击"页面布局"中"页面设置"功能组右下方的 图标，弹出"页面设置"对话框，在"页面设置"对话框中，单击"版式"选项卡，如图 3.57 所示。在"垂直对齐方式"下拉列表框中，选择所需对齐方式，单击"确定"按钮。

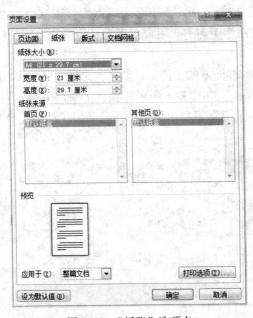

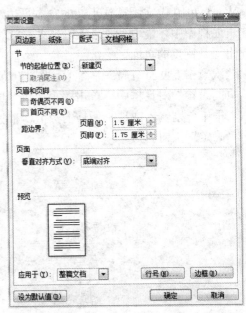

图 3.56　"纸张"选项卡　　　　　　　　　　图 3.57　"版式"选项卡

5．设置行数、字符数和文字方向

行数和字符数的设置规定了文本的每一页有多少行，每行有多少个字符。文字方向设置规定了文字的排列方向。

在"页面设置"对话框中，单击"文档网格"选项卡，如图 3.58 所示，单击"指定行和字符网格"选项按钮，在"每行"框中输入或选择每行的字符数，在"每页"框中输入或选择每页的行数。单击"文字排列"命令组中的"水平"或"垂直"单选按钮，改变文字的排列方向，设置完成后，单击"确定"按钮。

6．设置页眉和页脚

在实际工作中，经常在每页的顶部或底部添加显示页码及一些其他有关文档的信息，比如文章标题、作者姓名、日期或页码等。这些信息在每页的顶部，就称之为页眉，如果是在每页的底部就称之为页脚。Word 能很容易地实现文档的页眉和页脚的设置。

7．添加页眉和页脚

依次单击"插入"→"页眉和页脚"，根据要求点击选择"页眉"或"页脚"，在下拉列表中选择添加的页眉、页脚和页码样式，如图 3.59 所示。

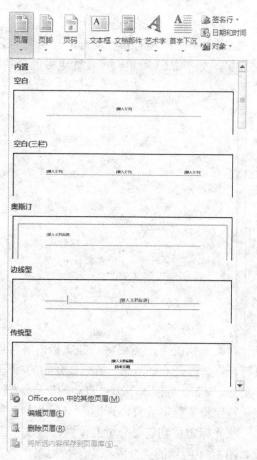

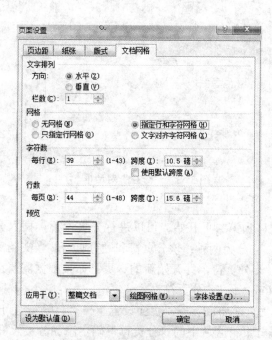

图 3.58 "文档网格"选项卡　　　　图 3.59 添加"页眉"选项

添加页码：依次单击"插入"→"页眉和页脚"→"页码"命令，添加页码格式，如图 3.60 所示。

如果对页码的格式有特殊要求，单击"页码"下拉列表中的"设置页码格式"命令，在弹出的对话框中选择页码的格式，单击"确定"按钮即可。如图 3.61 所示。

图 3.60 "页码"选项下拉列表　　　　图 3.61 "设置页码格式"对话框

8. 设置分栏

Word 2010 的分栏功能，使得文档的格式排版更灵活、更美观。

选定要设置分栏的文本，依次单击"页面布局"→"页面设置"→"分栏"，如图 3.62 所示，在下拉列表中选择适合的分栏。

如选择更多样式的分栏及自定义相关的分栏属性等，可单击"分栏"下拉列表中的"更多分栏"，如图 3.63 所示，可设置更多的分栏样式。

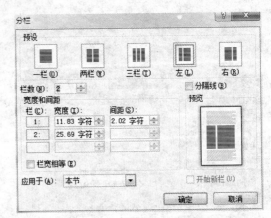

图 3.62　"分栏"下拉列表　　　　图 3.63　"分栏"对话框

9. 设置分页

在某些情况下，需要将一些文档内容强制移到第二页开始，可以进行分页设置，插入分页符。分页符是一页结束、另一页开始的标记。它分为两种：软分页符和硬分页符。当文档满一页后，Word 将插入一个"自动的"（或"软"）分页符，并开始新的一页。如果根据需要在某一特定位置强制分页，则插入一个"人工"（或"硬"）分页符。

将光标定位到需要分页的位置，依次单击"页面布局"→"页面设置"→"分隔符"，出现如图 3.64 所示的"分隔符"下拉列表，单击分页符区域中的"分页符"确定添加分页。

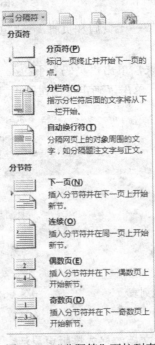

图 3.64　"分隔符"下拉列表

10．设置分节

如果一篇文档是由相对独立的几大块组成，在页面格式上也要各具风格，则可以将每一大块设为一节。分节符是表示节结束而插入的标记。

将光标定位到需要分节的位置，依次单击"页面布局"→"页面设置"→"分隔符"，出现如图 3.64 所示的"分隔符"下拉列表，单击分节符区域中的"下一页"确定添加分节。

11．设置页面边框

页面边框可以更加美化已编排好的文档，艺术型边框更能满足个性化的文档设置，参考本章前边"边框和底纹"设置方法。

3.7.2　打印设置

当一篇文档编辑排版完成后，就可以把文档通过打印机打印出来了。

单击"文件"→"打印"命令，此时屏幕出现如图 3.65 所示的对话框。在"打印机"框中显示了正在使用的打印机的相关信息，可以对选择的打印机属性进行设置。在"设置"区域中，可以选择打印的文档页数范围、打印份数及顺序、每版缩放打印设置，还可以进行纸张大小、纸张方向、自定义页边距等页面设置的操作。如图 3.65 所示右方区域为打印预览区域，可通过页面右下方缩放滑块选择预览页面的大小。

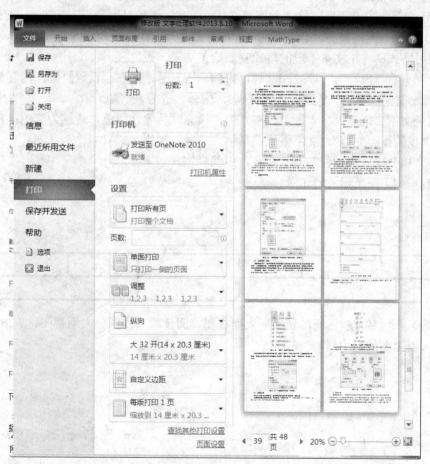

图 3.65　"打印"对话框

习题 3

1．在 Windows 桌面上创建"Microsoft Word 2010"快捷方式。

2．利用 Word 模板创建一份个人简历，保存在 E:\我的文件夹\个人简历.docx 中。要求：有图片、有文字，内容不少于 50 字。

3．在 Word 中，录入下列文字：

【文字开始】

在世界的文字之林中，中国的文字（Chinese Characters）确实是异乎寻常的。它的创造契机显示出中国人与世不同的文明传统和感知世界的方式。

中国的汉字是强有力的、自成系统的，它用一个个方块字培育了五千年古老的文化，维系了一个统一的大国的存在。

【文字结束】

将以上文字保存为 E:\我的文件夹\W31.docx。下面的 4～9 题是对 W31.docx 进行操作，排版结果保存在 E:\我的文件夹\W32.docx 中。

4．设置页面格式为：16 开，上下页边距为 2cm；左右页边距为 1.8cm；页眉页脚 1.5cm。

5．为正文第 1 段设置段落格式和字符格式。中文：隶书，四号；英文：Times New Roman；首行缩进 0.75cm，两端对齐，行间距为 1.5 倍行距，段前距为 8 磅。

6．利用格式刷将正文第 1 段的格式复制给正文第二段。

7．设置页眉，内容为"W32.docx"，宋体，小三号，居右；设置页脚；内容为"总页数 x 第 y 页"（x 是总页数，y 是当前页的页码），宋体，五号，居中。

8．在正文第二段插入文本框，其格式为：填充颜色为浅绿色，边框为红色；在文本框中输入文字"我的排版文档"，文字格式：楷体，三号，加粗。

9．将文档分成三栏，使左右两栏窄，中间栏宽。

10．制作如下图所示的通讯录。

姓名		电话		邮编	
单位		地址			

11．练习几种基本视图间的切换：页面视图、阅读版式视图、大纲视图、Web 版式视图、草稿视图（以上面的题为例）。

第 4 章　电子表格处理软件 Excel 2010

4.1　Excel 2010 概述

Excel 2010 也是微软公司 Office 2010 系列办公组件之一，是当今最流行的电子表格综合处理软件，具有强大的表格处理功能，利用 Excel 可以创建和修改工作表，在工作表中输入数据并对输入的数据进行各种统计运算等处理，同时利用工作表中的数据还可以创建各种风格的图表，以增强数据的可视性。Excel 除了处理数据，还提供了管理数据的功能。

4.1.1　Excel 2010 的启动与退出

1. 启动 Excel 2010

Excel 2010 的启动方法与 Word 2010 完全相同，最常用的方法是双击桌面上 Excel 2010 的图标即可。

2. 退出 Excel 2010

当用户完成了所有操作，需要退出 Excel 2010 工作环境时，其退出方法与 Word 2010 相同。最常用的方法是单击 Excel 环境窗口右上角的关闭按钮即可。

4.1.2　Excel 2010 的窗口界面

启动 Excel 2010 后，即可进入 Excel 窗口，如图 4.1 所示。

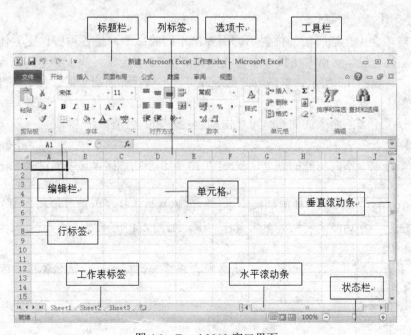

图 4.1　Excel 2010 窗口界面

Excel 2010 窗口主要由标题栏、选项卡、工具栏、编辑栏、状态栏以及工作表等组成。

1．标题栏

标题栏位于 Excel 窗口的顶部，它包含了应用程序名称、工作簿名称、最小化按钮、撤消、还原\最大化按钮以及关闭按钮。

2．选项卡

选项卡，类似低版本的菜单，但也有所不同。从左至右依次是：文件、开始、插入、页面布局、公式、数据、审阅和视图 8 个选项；选项卡的最右端也有最小化、还原\最大化和关闭这 3 个按钮，它们是针对当前工作簿文件的。Excel 2010 选项卡的使用规则与 Word 完全相同。具体操作如下：

（1）选取选项卡命令

若要执行选项卡中的某条命令，只需要单击相应的选项卡，从中选取该命令即可，如图 4.2 所示。有时，遇到鼠标不能用的情况，用户也可以使用键盘来选择选项卡命令，方法是：按下 Alt 键或 F10 键激活选项卡，此时，"文件"选项卡被激活，然后使用左右方向键，将其移动到要选取的选项卡上，再按上下方向键选取需要的命令，最后按回车键即可。也可以按下 Alt+选项卡后的字母，直接打开该选项卡，用上下方向键选取命令即可。

图 4.2　选取选项卡

如果启动选项卡后，不想执行任何命令并且要关闭选项卡，只要在其外面单击或按 Esc 键即可。

（2）使用快捷功能项

快捷功能项会因光标所指的位置不同而弹出不同的命令，使各项操作更方便。方法是：将光标移到适当位置，然后单击鼠标右键或按 Shift+F10 组合键，快捷菜单即出现在鼠标指针的上方或下方，如图 4.3 所示。单击所需命令即可；不执行任何命令时，按 Esc 键或在快捷菜单外任意处单击，便可关闭该快捷功能。

如果执行了不当的命令或动作，可单击标题栏左侧的撤消按钮。

3．工具栏

依据每个选项卡不同功能的划分，Excel 2010 有 8 个功能区，其中提供了 Excel 2010 所有的使用功能。

Excel 2010 的功能区在不使用的情况下，可以将其最小化，也可以根据使用习惯，自定义功能区，方法是：在功能区空白处单击鼠标右键，如图 4.4 所示。

4．编辑栏

工具栏下方是编辑栏，它用于对单元格内容进行编辑操作，包括名称框、确认区和公式区，如图 4.5 所示。

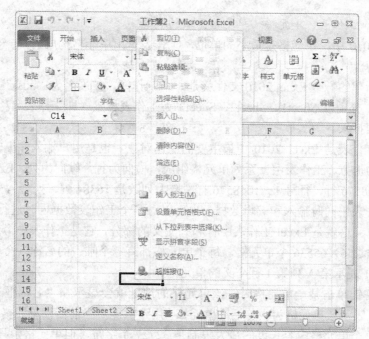

图 4.3　快捷菜单

图 4.4　功能区最小化

图 4.5　编辑栏

名称框：显示活动单元格的地址。

确认区：当用户进行编辑时，确认区中会显示 2 个按钮：取消按钮"×"，确认按钮"√"。

公式区：用来输入或修改数据，可直接输入数据，该数据被填入当前光标所在的单元格中，也可输入公式，公式计算的结果显示在单元格中。同时当选中某个单元格时，该单元格中的数据或公式会相应地显示在公式区。相关内容请参见 4.4 节。

5. 状态栏

窗口的最底部是状态栏。状态栏显示与当前工作状态相关的各种信息，以帮助用户进行正确的操作。

6．工作簿、工作表、单元格、单元格区域的概念

在 Excel 2010 中，单元格是最小的单位，工作表是由单元格构成的，一个或多个工作表又构成了工作簿。

工作簿：新建的一个 Excel 2010 文件就是一个工作簿，扩展名为 ".xlsx"，在默认情况下有 3 张工作表，分别以 Sheet1、Sheet2、Sheet3 为工作表标签（即工作表名称），工作表的数量可以根据需要插入。

工作表：工作表是 Excel 2010 中最主要的操作对象，也是用户输入和编辑文本、绘制图形、插入图片的地方。工作表由一系列单元格组成，横向为行，纵向为列，Excel 2010 允许的最大行数是 1048576 行，行号 1～1048576 行，最大列数是 16384 列，列名 A～XED 列。用户可以在多个工作表中同时输入和编辑数据，也可以对多个工作表数据同时进行引用计算。

单元格：单元格就是 Excel 工作表中行和列交叉的部分，它是工作表中最基本的元素。一张工作表可包含 256×65536 个单元格，每个单元格都有一个唯一的名称，命名规则是：列号+行号，例如 A1 表示第 A 列第 1 行交叉的单元格。

当用鼠标左键单击某一单元格时，该单元格的地址就会显示在"名称框"中，并用粗线框起来，以此来表示该单元格为当前活动单元格，用户只能对当前活动单元格进行编辑、修饰等各种操作。每个单元格内容长度的最大限制是 32727 个字符，但单元格中只能显示 1024 个字符，编辑栏中则可以显示全部字符。

单元格区域：单元格区域指的是由多个相邻单元格形成的矩形区域，其表示方法由该区域的左上角单元格地址、冒号和右下角单元格地址组成。例如，单元格区域 B3:E6 表示的是从左上角 B3 开始到右下角 E6 结束的一片矩形区域，由 16 个单元格组成。

另外，在 Excel 2010 窗口的右端有垂直滚动条，用于屏幕内容的上下滚动；表格区的底部又分为两部分：左边是工作表标签和有关的按钮，右边是水平滚动条，用于屏幕内容的水平滚动显示。

4.2　工作簿的基本操作

每次使用 Excel 2010 时常会遇到几个基本操作，如新建、打开、保存和关闭工作簿等。下面就来介绍这几方面的内容。

4.2.1　建立工作簿

每次启动 Excel 后，系统总是自动地建立一个名为"工作簿1"的新工作簿文件供用户使用。在编辑的过程中，用户可以根据需要同时建立多个新工作簿文件。建立新工作簿的方法有：

（1）单击"文件"选项卡中的"新建"命令。

（2）按 Ctrl+N 组合键。

每建立一个新的工作簿，就会打开一个新的工作簿窗口，新工作簿的标题栏上的名称会相应变成"工作簿2"、"工作簿3"……，此时 Excel 2010 的窗口是一个空白的编辑窗口。

另外，我们可以利用 Excel 2010 为用户提供的工作表模板，更方便地建立自己的工作簿。具体操作方法如下："文件"→"新建"，如图 4.6 所示，根据需要选择模板即可。

图 4.6　工作簿模板

4.2.2　打开工作簿

　　启动 Excel 2010 后，它总是自动打开一个新的工作簿供用户使用。可是，我们经常要继续上一次的工作或把以前编排好的电子表格调出来使用或修改，这就需要打开原有的工作簿。打开工作簿的方法有：

　　（1）单击"文件"选项卡中的"打开"命令。

　　（2）按 Ctrl+O 组合键。

　　进行以上操作后，会弹出一个"打开"对话框，如图 4.7 所示。如果要打开的工作簿不在当前文件夹中，可以从"查找范围"下拉列表框中进行查找，找到后单击选定要打开的工作簿文件，再单击"打开"按钮；或直接双击要打开的工作簿文件的图标即可。

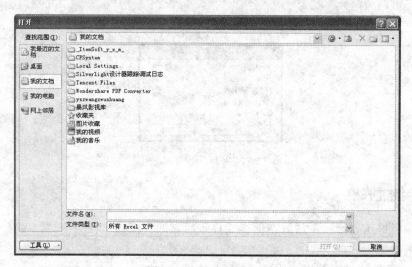

图 4.7　"打开"对话框

4.2.3　保存工作簿

为了避免由于突然断电或死机等原因造成的数据及结果的丢失，我们应该将正在编辑的有用的内容及时地保存。保存工作簿的方法有：

（1）单击标题栏的"保存"按钮。

（2）按 Ctrl+S 组合键。

（3）单击"文件"选项卡中的"保存"命令。

若想改变旧文件的文件名或保存位置，可按如下操作进行："文件"→"另存为"，根据需要，设置保存位置、文件名和保存类型，单击"保存"按钮即可，如图 4.8 所示。

图 4.8　"另存为"对话框

保存工作簿的同时还可以为工作簿加密，具体方法："文件"→"另存为"→"工具"→"常规选项"，如图 4.9 所示。

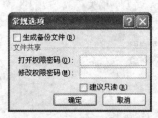

图 4.9　"常规选项"对话框

4.2.4　关闭工作簿

当用户编辑好工作簿后，最好在保存或打印后立即关闭该工作簿窗口。关闭当前工作簿的方法有：

（1）单击标题栏的 图标，选择"关闭"命令。

（2）按 Ctrl+F4 组合键。

（3）单击标题栏右端的"关闭"按钮。

4.2.5　工作簿窗口的管理

工作簿窗口的管理包括新建窗口、重排窗口，以及窗口的拆分与撤消、窗口的冻结与撤消等。

1．窗口的建立

和 Word 新建窗口一样，Excel 2010 也允许为一个工作簿另开一个或多个窗口，这样就可以在屏幕上同时显示并编辑操作同一个工作簿的多张工作表，或者是同一张工作表的不同部分。还可以为多个工作簿打开多个窗口，以便在多个工作簿之间进行操作。

单击"视图"选项卡下的"新建窗口"命令，就可以为当前活动的工作簿打开一个新的窗口。新窗口的内容与原工作簿窗口的内容完全一样，即新窗口是原窗口的一个副本，对表格所做的各种编辑在两个窗口中同时有效。使用原本、副本窗口可以同时观看工作表的不同部分。所不同的是，如果原工作簿窗口的名称为"公式与函数表来源"，则现在变为"公式与函数表来源.xlsx:1"，而新窗口的名称为"公式与函数表来源.xlsx:2"；若要两个窗口同时查看，则单击"视图"选项卡下的"并排查看"按钮，如图 4.10 所示。

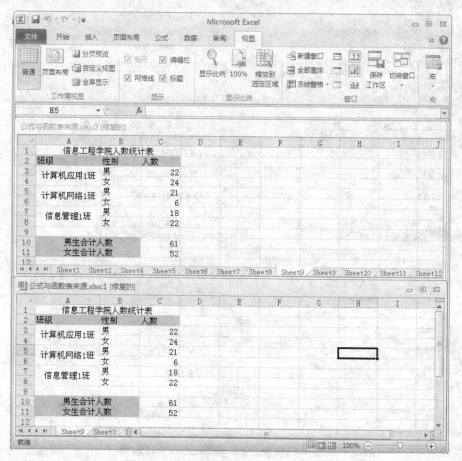

图 4.10　并排查看同一工作簿的两个窗口

2. 窗口的重排

重排窗口可以将打开的各工作簿窗口按指定方式排列，方便同时观察、更改多个工作簿窗口的内容，具体方法是单击"视图"选项卡下的"全部重排"命令，弹出"重排窗口"对话框，如图 4.11 所示。

图 4.11　"重排窗口"对话框

在"排列方式"栏中，分为"平铺"、"水平并排"、"垂直并排"、"层叠"四个单选项，如图 4.12 至图 4.15 所示。

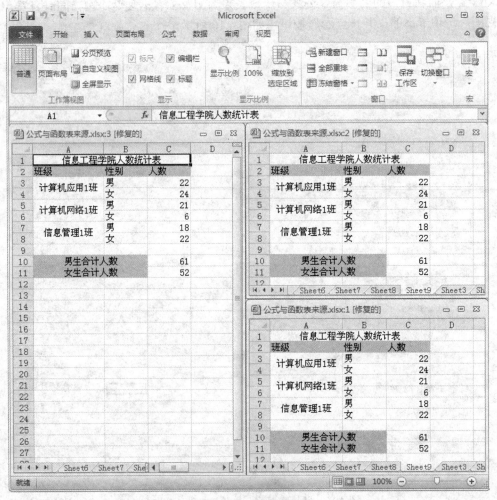

图 4.12　窗口平铺效果

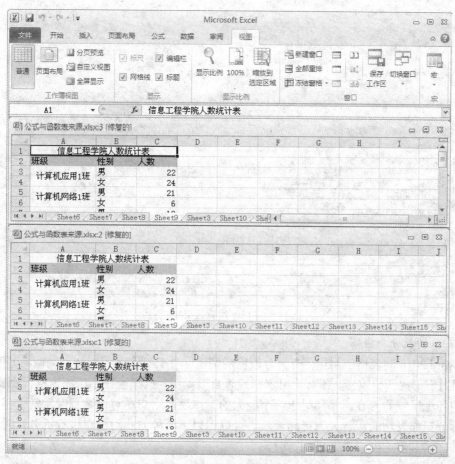

图 4.13　水平并排效果

图 4.14　垂直并排效果

图 4.15　层叠效果

3. 窗口的拆分与撤消

在 Word 2010 的表格应用中，有拆分表格的情况，对于工作表的拆分也类似。工作表被拆分后，相当于形成四个窗格，各有一组水平或垂直滚动条，这样能在不同的窗格内浏览一个工作表中的各个区域的内容。尤其对于一个庞大的工作表，用户在对比数据时常常使用滚动条，若使用拆分工作表功能，将大大提高效率。可以用以下两种方式对窗口进行拆分。

方法一：利用选项卡命令进行拆分。

操作步骤如下：

选择欲拆分窗口的工作表→选定要进行窗口拆分位置处的单元格→单击"视图"→"拆分"命令，如图 4.16 所示。

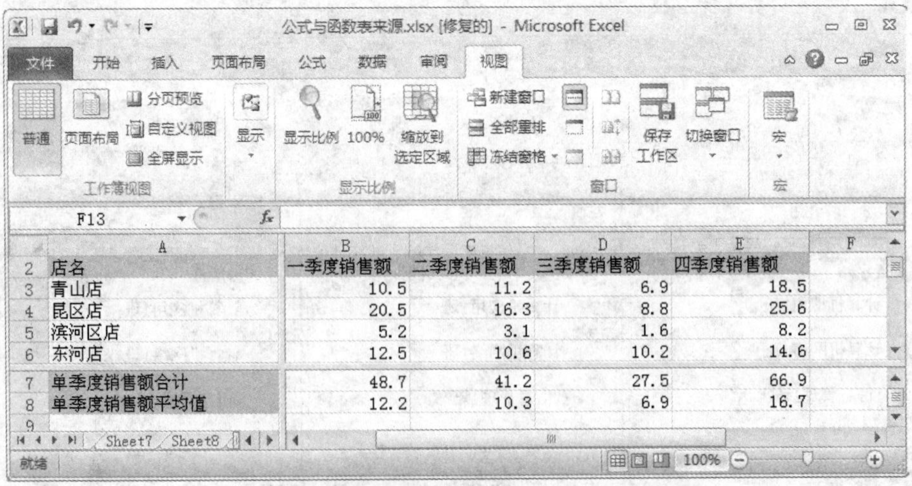

图 4.16　拆分窗口

需要注意的是：如果要将窗口在水平方向上拆分，则要选定拆分行的第一列的单元格；如果要将窗口在垂直方向上拆分，可选择需要拆分列的第一行单元格。对于已经拆分的窗口再单击"视图"选项卡下的"拆分"命令可撤销对窗口的拆分。

方法二：利用拆分框进行拆分。

用窗口垂直滚动条顶端或水平滚动条右端的拆分框可以直接对窗口拆分，当鼠标放在拆分框上变成上下（左右）双向箭头时，按住鼠标不放拖拽即可完成拆分，双击分割线可取消当前分割线，如图 4.17 所示。

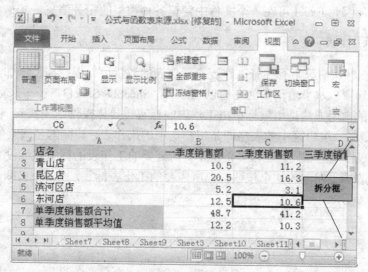

图 4.17　拆分框

4. 窗口的冻结与撤消

所谓窗口冻结，就是当在查看一个大的工作表的时候，有时会希望将工作表的某一区域锁住，只滚动表中的数据，使数据和该锁定区域能够对应，无论用户怎样移动工作表的滚动条，被冻结的区域始终显示在工作表中。下面就介绍直接冻结窗格的方法：

选择要冻结窗格的工作表→选定要进行窗格冻结位置处的单元格→单击"视图"→"冻结窗格"命令→从弹出的级联菜单根据需要选择需要冻结的区域，如图 4.18 所示。

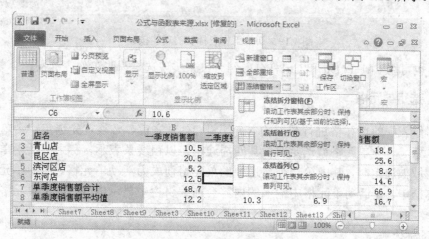

图 4.18　冻结窗格

若要取消冻结，单击"视图"→"冻结窗格"命令，在级联菜单中选择"取消冻结窗格"选项即可。

4.3　工作表的基本操作

在 Excel 2010 中，一个文件就是一份电子表格，称其为工作簿，它是计算和存储数据的文件，是 Excel 2010 的基本工作环境。每个工作簿又由许多张工作表组成，每张工作表可以存放独立的数据，因此 Excel 可在一个文件中管理各种类型的相关信息。

4.3.1　选择工作表

Excel 2010 在默认情况下有 3 张工作表，工作表的数量可以根据需要添加，最多可有 256 张。工作表在编辑窗口水平滚动条的左边以 Sheet1，Sheet2，Sheet3，……来标识。

选择工作表的常用方法是用鼠标单击工作表的标签。具体操作是先找到该工作表的标签，然后单击即可。这时，编辑区中的表格即是用户选中的工作表，其标志是该工作表的标签背景变为透明的，与表格底色相同。在很多情况下，所需要的工作表的标签可能没有显示出来，此时可以借助工作表标签左端的 4 个按钮找出所需要的工作表标签，然后单击即可。这 4 个按钮的功能如图 4.19 所示。

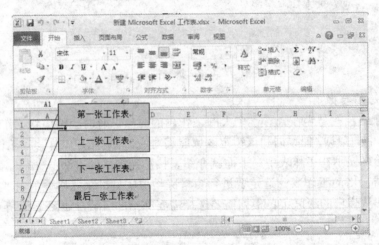

图 4.19　切换工作表标签的功能按钮

另外，也可用 Ctrl+PgDn 和 Ctrl+PgUp 组合键来实现选定一张工作表的操作。

4.3.2　选定单元格

在向工作表中的单元格进行数据输入、编辑、处理之前，必须首先选定一个单元格或一个单元格区域。一个单元格被选定时，其四周边框将以粗线条表示，称之为活动单元格；一个单元格区域被选定时，其中第一个被选中的单元格便成为活动单元格。活动单元格的名称出现在名称框中，在活动单元格中输入的内容会在编辑栏中显示出来。选定单元格的方法有以下几种：

1. 用鼠标选定

使用鼠标可以选定几种不同形式的单元格区域，选定之前需要将所选的单元格区域出现在当前窗口中。具体内容如下：

（1）选定一个单元格。方法是单击要选定的单元格即可。如图 4.20 所示，B4 单元格被选定，成为活动单元格。

（2）选定一行。方法是单击要选定行的行号即可。

（3）选定一列。方法是单击要选定列的列号即可。

（4）选定一个单元格区域。用拖动的方法即可。也可利用 Shift 键，方法同 Word 中的操作。

（5）选定当前工作表中所有的单元格。方法是单击行号 1 上边（或列号 A 左边）的全选按钮即可。

（6）同时选定不连续的多个单元格（或单元格区域）。方法是按住 Ctrl 键的同时，单击（或拖动）不同的单元格（或单元格区域）即可。

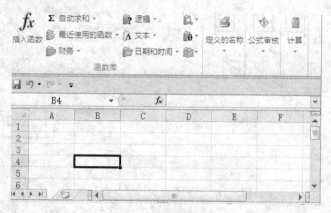

图 4.20　选定单元格

2．用名称框选定

在名称框中直接输入将要选定的单元格的名称，按回车键即可，如图 4.20 所示。或者按 F5 键，在"引用位置"输入框中输入需要选定的单元格，单击"确定"按钮。值得注意的是，用此方法选定多个单元格区域时，需要使用到两个分隔符号，即英文半角状态下的"，"和"："。其中，"，"用来分隔不同的单元格区域；"："用来表示一个单元格区域范围。比如，"A2,D3,F6:H8"表示同时选定 A2 单元格、D3 单元格以及 F6 至 H8 这 9 个单元格组成的区域。这两个符号在 Excel 所有的单元格引用操作当中都是通用的。

4.3.3　建立工作表

Excel 的主要用途是编排电子表格。启动 Excel 2010 建立一个工作簿文件，选择其中的工作表，然后往表中的单元格中输入原始数据，根据原始数据进行各种编辑及计算等操作，最后进行排版和打印输出，一个工作簿文件处理的全过程即可完成。下面介绍如何建立一张完整的工作表。

输入原始数据是建立和编辑工作表的第一步。在 Excel 2010 中，把从键盘输入到工作表中的信息称为"数据"。Excel 2010 有多种数据形式，比如数字、一段汉字或字母、日期、公式等。

1．Excel 2010 中处理的数据类型

为了操作方便，Excel 2010 把数据分为三种类型：即字符、数值和公式。

字符数据是指表格中的文字、字母、数字或其他符号，以及由它们组成的字符串。Excel 不能对字符数据进行计算，只能进行编辑。注意，如果输入的是数字字符，则在字符之前应加

"'"单引号符号。

数值数据是指由 0～9 这 10 个数字和小数点组成的数字，可以对它进行计算。在 Excel 中时间和日期均按数值来处理，对于日期，计算时 Excel 会把它转化为从 1900 年 1 月 1 日到该日期的天数。

公式数据是指以"="开头，后边由单元格名称、运算符、数值、函数和圆括号组成的有意义的式子。在工作表中，如果某一单元格中的数据为公式，则单击该单元格时公式会显示在编辑栏内，而该单元格中显示的内容则是该公式计算的结果，如图 4.21 所示。

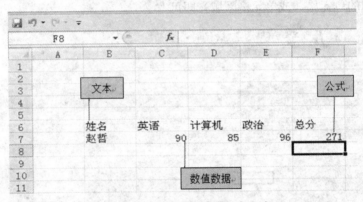

图 4.21　三种数据类型及对齐方式

Excel 2010 会自动识别数据类型，在默认情况下，字符数据在单元格中按左对齐放置，数值数据在单元格中按右对齐放置，公式数据在单元格中也是按右对齐放置，这样处理使文字和数字在工作表上一目了然。

2. 单元格中数据的填充

了解 Excel 2010 的数据类型后，即可根据需要开始在单元格中输入数据。输入方法有以下 4 种：

（1）单击要输入数据的单元格，然后从键盘上直接输入数据。

（2）双击要输入数据的单元格，当单元格中出现插入光标时即可直接输入数据。

（3）单击要输入数据的单元格，然后把光标移动到编辑栏中即可输入数据。如果要取消输入，可按 Esc 键或单击编辑栏左边的"×"按钮；如果输入有效，单击"√"按钮或按回车键。

从键盘上输入的数据会同时显示在单元格和编辑栏中，在输入数据的同时编辑栏的左边会出现如图 4.22 所示的 3 个按钮图标，从左至右，按钮的功能分别是取消输入的数据、确认输入的数据和编辑该单元格中的计算公式。

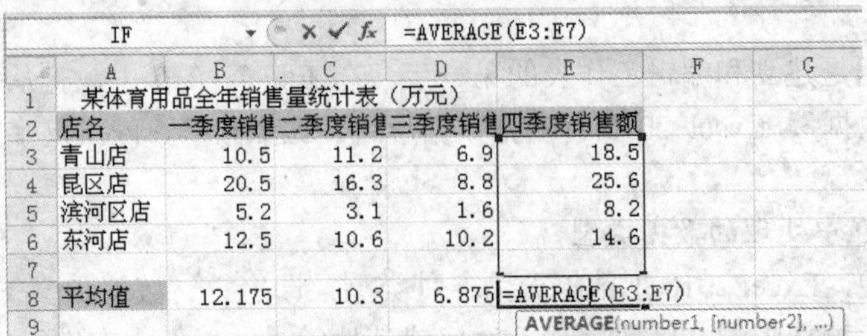

图 4.22　编辑栏左边的三个按钮图标

（4）采用自动快速的填充方法。

如果一行（或一列）相邻单元格要输入相同的数据，则不必重复输入每个数据，可以用下面介绍的方法复制相同的数据：先在一个单元格中输入第一个数据，然后选中该单元格，再将光标指向该单元格右下角的小黑方块标志处，这个小黑方块称为填充柄，光标将变为"+"字形，按住鼠标左键拖动到相同内容连续单元格的最后一个，松手即可，如图 4.23 所示。

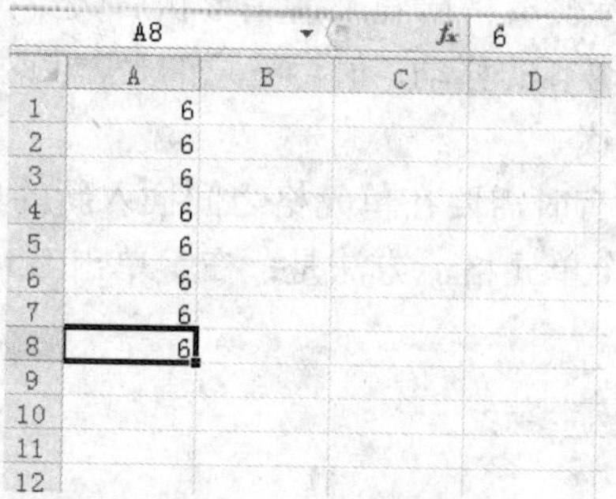

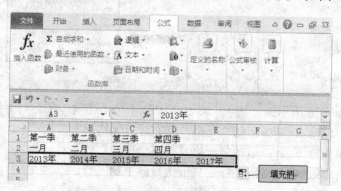

图 4.23　连续单元格相同数据的填充

如果表格中的字符数据是由一定顺序的序列所构成，比如一月、二月、三月；第一季、第二季、第三季、第四季；2013 年、2014 年等。输入这些数据时，只需输入前两个数据，然后直接拖动该数据所在单元格处的填充柄即可完成其他数据的填充，如图 4.24 所示。

图 4.24　有序字符数据的填充

如果输入的数据为等差数列或等比数列，例如 1，2，3，…；5，10，20，…等，则可在输入第一个数据后，选定填充区域，再选择"开始"→"编辑"→"填充"→"序列"子命令，然后在"序列"对话框中设置自动序列要填充的数据，其中，步长值是指等差序列中相邻两个数据之间的差额，如图 4.25 所示。

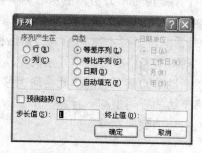

图 4.25　"序列"对话框

3. 单元格、行和列的操作

单元格、行和列是工作表中最基本的操作对象。在 Excel 2010 中可以方便地对单元格、行和列进行移动、插入和删除等基本操作。下面分别加以介绍。

如果只是修改单元格的内容，可以单击单元格，然后直接输入新内容，则新输入的内容就取代了原来的内容。如果是要将某一单元格的内容移到另一空白单元格，只需要将光标指向已选定单元格的边框上，当光标变成指向左上箭头形状后，按下鼠标左键拖动到目标空白单元格处再放开，即可完成单元格内容的移动。值得注意的是，上述操作的目标位置单元格中如有内容，则该内容将被新内容取代。

在工作表的编辑过程中，有时需要在单元格之间插入新的单元格，比如在图 4.26 所示的工作表的 B5 单元格处插入一个单元格，方法是：右键单击 B5 单元格→单击"插入"命令。

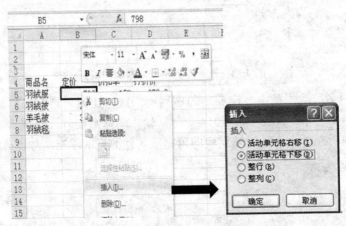

图 4.26 "插入"对话框

在出现的如图 4.26 所示的"插入"对话框中有 4 个单选项，从上到下依次是：

（1）"活动单元格右移"：活动单元格及其右边单元格向右移一格。

（2）"活动单元格下移"：活动单元格及其下边单元格向下移一格。

（3）"整行"：活动单元格所在行及其下边行向下移一行。

（4）"整列"：活动单元格所在列及其右边列向右移一列。

现在要在 B5 处插入一个单元格，选择"活动单元格下移"单选项，单击"确定"按钮或按回车键，即可完成在行中插入一个单元格的操作，如图 4.27 所示。

如果需要插入整行或整列，在如图 4.26 所示的"插入"对话框中选择"整行"或"整列"单选项即可。

单元格、行和列的删除操作，是指将单元格内的所有内容及单元格的格式全部清除。被删除的单元格会被其相邻单元格所取代。其操作方法为：右击要删除的单元格→单击"删除"命令，屏幕上将显示"删除"对话框，如图 4.28 所示。该对话框也有 4 个单选项：

（1）"右侧单元格左移"：活动单元格右边的单元格向左移一格。

（2）"下方单元格上移"：活动单元格下边的单元格向上移一格。

（3）"整行"：活动单元格下边的行向上移一行。

（4）"整列"：活动单元格右边的列向左移一列。

图 4.27　插入一个单元格

图 4.28　"删除"对话框

因此，如果要删除单元格，只需选择上述的"右侧单元格左移"或"下方单元格上移"单选项，单击"确定"按钮或按回车键即可；如果要删除活动单元格所在的行或列，只需选择"整行"或"整列"单选项，单击"确定"按钮或按回车键即可。

如果在编辑过程中出现错误操作，比如错删了一行数据，及时按 Ctrl+Z 组合键或单击"撤消"按钮，即可实现数据的恢复。

4.3.4　编辑工作表

当用户打开一个新的工作簿时，屏幕上将同时打开 3 张空白工作表（Sheet1、Sheet2 和 Sheet3）。用户可以根据需要增加或删除工作表，也可以为工作表重新命名。用户可以采用 4.3.1 节所介绍的方法来选择工作表。

1. 工作表的命名

Excel 2010 工作表的缺省名（Sheet）通常不能反映表格内的数据所包含的实际意义，在实际使用中，一般都要对工作表重新命名，以帮助用户更好地管理工作表。

工作表的命名规则：①工作表命名与 Windows 中的文件命名要求相同；②工作表名长度不超过 32 个字符；③不能与所在的工作簿同名。对工作表命名最常用的方法是：双击要改名的工作表标签，在修改状态下直接输入新名称，按回车键即可。也可以使用"开始"→"单元格"→"格式"→"重命名工作表"命令或快捷菜单来重命名，如图 4.29 所示。

2. 添加工作表

如果工作簿所提供的 3 个工作表不能满足需要，则可以随时在一个工作簿中添加多个（最多为 256 个）工作表。其常用的一种方法是：首先确定要在哪一张工作表的左边添加新工作表，然后单击该工作表标签，选择"开始"→"单元格"→"插入"→"插入工作表"命令即可；或使用工作表标签的快捷菜单中的"插入"命令。

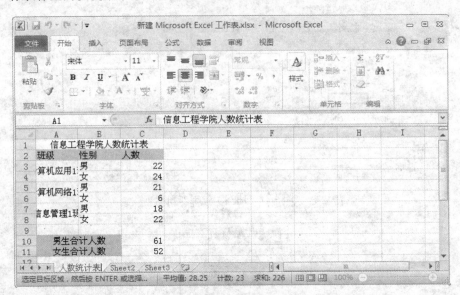

图 4.29   重新命名工作表

另一种方法是：选择"文件"→"选项"→"常规"→"包含的工作表数"命令，一次性设置工作簿中的工作表数。

3. 删除工作表

当用户不需要工作簿中的某个工作表时，可将其删除。工作表一旦被删除，就永远无法恢复，因而要确认之后再执行删除操作。其操作方法为：首先单击要删除的工作表的标签，然后选择"开始"→"单元格"→"删除"→"删除工作表"命令，或从弹出快捷菜单中选择"删除"命令。此时，屏幕上出现"删除工作表"提示框，如图 4.30 所示，如果确认要删除该工作表，单击"删除"按钮；否则，单击"取消"按钮。

图 4.30   "删除工作表"提示框

4. 选定工作表组

对工作表进行操作，也需满足"先选定后操作"的规则。有下面几种选定工作表的方式：

（1）选定某个工作表，方法是单击该工作表标签即可。

（2）选定多个不连续的工作表，方法是先按住 Ctrl 键，然后单击要选取的每个工作表标签即可。

（3）选定一组连续的工作表，方法是先单击第一个工作表标签，然后按住 Shift 键，再单击最后一个工作表标签，则其间的工作表均被选定。

（4）选定所有的工作表，方法是把光标指向任意一个工作表标签，单击鼠标右键从弹出的快捷菜单中选择"选定全部工作表"命令，如图 4.31 所示。

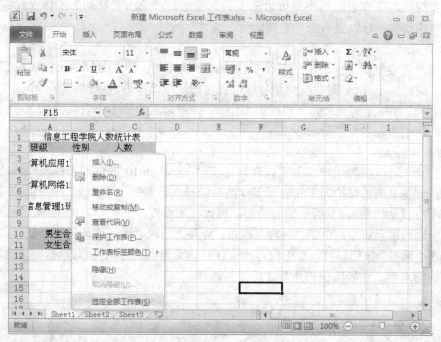

图 4.31　快捷菜单中的"选定全部工作表"命令

值得注意的是：一旦同时选定了几个工作表（工作表组），用户对工作表的所有操作均作用于所有已选定的工作表中。

选定了一个工作表组后，如果选择"开始"→"编辑"→"填充"→"成组工作表"命令，并在"填充成组工作表"对话框中选取相应的选项，即可将选定区域的所有内容复制到工作表组中的所有工作表当中，如图 4.32 所示。

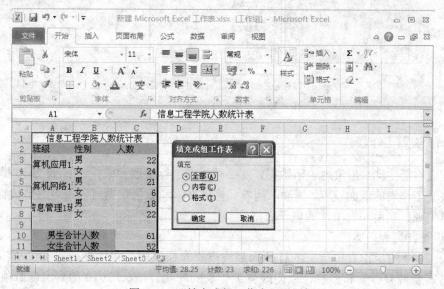

图 4.32　"填充成组工作表"对话框

5. 工作表的移动

在工作簿中各工作表的顺序是可以改变的。方法是：单击要移动的工作表标签，并按住鼠标左键，拖动到目标位置后松开左键即可。

6. 工作表的复制

如果用户需要复制工作簿中的某个工作表，可以先单击需要复制的工作表标签，并按住鼠标左键，同时按下 Ctrl 键并拖动至目标位置后松开左键即可。这样，当一个工作表复制完成后，在目标位置将显示一个完全相同的工作表，并被命名为原工作表名称（2）。比如，Sheet3被复制后的新工作表名为"Sheet3（2）"。

7. 保护工作表

为了防止未被授权的用户修改工作表，可使用 Excel 2010 提供的工作表保护功能。操作方法如下：首先单击需保护的工作表标签，然后选择"审阅"→"更改"→"保护工作表"命令，屏幕上将显示如图 4.33 所示的对话框，进行相应设置，并在"取消工作表保护时使用的密码"框中输入密码口令，单击"确定"按钮，屏幕上出现"确定密码"对话框时再一次输入密码并单击"确定"按钮即可。当用户再一次打开该工作表进行编辑修改时，系统会要求用户输入密码撤消对该工作表的保护后，才能进行操作。

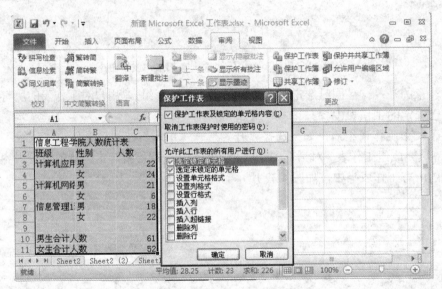

图 4.33 "保护工作表"对话框

4.3.5 设置工作表

要让表格能生动、形象地表示数据，就必须对它进行整理和编排。Excel 2010 提供了大量命令来改变工作表的版面设置，使输入到单元格的文本和数值数据可以很容易地被格式化，从而编排出美观、实用和有个性的电子表格。

1. 调整行高和列宽

Excel 2010 的工作表中所有的行和列都被设置为标准行高和标准列宽,但在实际使用中,用户经常需要调整行高和列宽,以便改变工作表的外观。Excel 2010 的列宽随数值数据的输入可以自动扩展到 11 位数字的宽度,随输入的字符数据的字体及大小也可以改变列宽,超出单元格框的内容被覆盖,但数据并没有被破坏,选中某一个单元格,其完整内容会在编辑栏中显示出来。如图 4.34 所示。我们可以通过调整行高和列宽把表格中的数据全部显示出来，并使表格变得整齐美观。

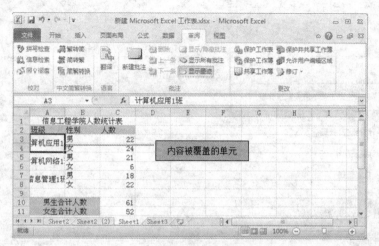

图 4.34　内容被覆盖的单元格

对行高和列宽的调整有手动和自动两种方法。选择自动调整时，Excel 2010 可自动使行高和列宽调整到正好能容纳数据。

（1）自动调整单元格行高和列宽

首先选定要调整的一个或多个单元格区域范围，然后，若要调整列宽，选择"开始"→"单元格"→"格式"→"自动调整列宽"命令，这时所选范围内所有单元格对应的列宽都做了自动调整，覆盖的内容都出现在单元格中，如图 4.35 所示。若要调整行高，选择"开始"→"单元格"→"格式"→"自动调整行高"命令即可。

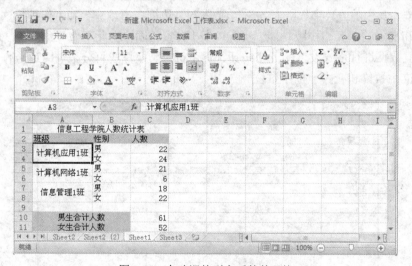

图 4.35　自动调整列宽后的单元格

（2）手动调整比较适合于对少数行和列进行行高和列宽的调整

比如，要调整如图 4.36 所示的工作表的第 1 行的高度，应把光标移动到左端行号 1 与 2 之间，光标会变为带上下箭头的十字，按住左键向上或向下拖动直到所需的高度时松开，即可完成调整。

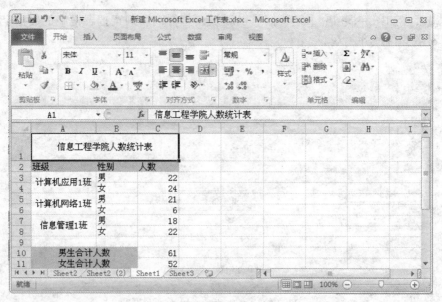

图 4.36　手动调整行高后的单元格

手动调整列宽时，需把光标放在列号之间，左右拖动，直到所需的宽度即可。

2. 设置单元格字符格式

字体的变化可以适当地突出显示某些数据，用户可以根据自己的需要进行字体、大小、颜色、效果等设置。具体操作方法为：

首先选定要设置格式的一个或多个单元格区域范围，选定的方法前面已经介绍过。在选定的基础上，利用下面方法进行格式设置。

选择"开始"→"数字"组的对话框启动器，此时会弹出如图 4.37 所示的"设置单元格格式"对话框，其中的"数字"、"对齐"、"字体"、"边框"、"填充"和"保护"这 6 个选项卡中有更详尽和高级的单元格排版功能，也与 Word 大致相同，在此不做详细介绍。特别要注意的是：对数值数据进行格式设置的五个按钮：货币符号、换算成百分数、用逗号作大数的分隔符、增加一位小数位和减少一位小数位。

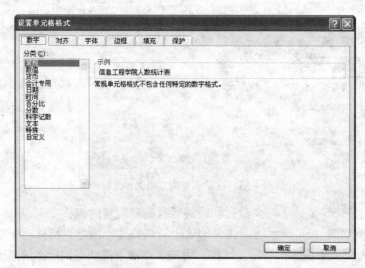

图 4.37　"设置单元格格式"对话框

3. 自动套用样式

Excel 2010 也内置有一些精致美观的样式，让用户可以既轻松又迅速地应用于工作表上，使工作表呈现出更加鲜明的效果，如图 4.38 所示。具体操作方法为：

（1）选定工作表或单元格范围。

（2）选择"开始"→"样式"→"套用表格格式"命令。

（3）在弹出的列表框中选择所需表格样式。

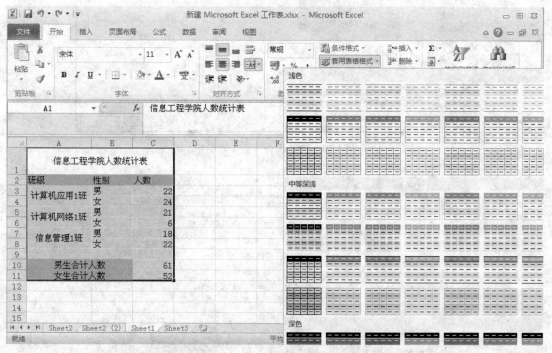

图 4.38　套用表格格式

套用完表格格式效果后，Excel 会自动新增"设计"选项卡，如图 4.39 所示，用户可在此选项卡中进行格式修改。

图 4.39　"设计"选项卡

4. 设置工作表背景

在 Excel 2010 中，用户可以为整个表格设置背景，以达到美化工作表的目的，设置工作表的步骤为：选择"页面布局"→"页面设置"→"背景"→打开"工作表背景"对话框，如图 4.40 所示，选择图片后单击"插入"按钮插入背景，效果如图 4.41 所示。

如需删除工作表背景，则选择"页面布局"→"页面设置"→"删除背景"命令即可。

图 4.40　"工作表背景"对话框

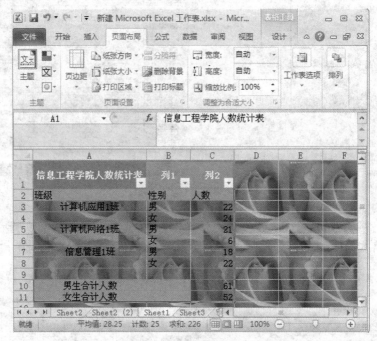

图 4.41　设置背景效果图

5. 条件格式

所谓条件格式是指：当单元格中的数据满足指定条件时所呈现的显示方式，一般包含单元格底纹或字体颜色等格式。如果需要突出显示公式的结果或其他要监视的单元格的值，可以应用条件格式于单元格上。例如：将图 4.42 中的"本月教师代课情况"表中所有满足"未代课"条件的单元格标红。

操作步骤：选择"开始"→"样式"→"条件格式"→"突出显示单元格规则"→"等于"命令，在"为等于以下值的单元格设置格式"中键入"未代课"，效果如图 4.43 至图 4.44 所示。

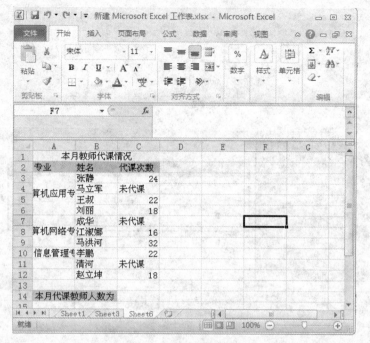

图 4.42 "本月教师代课情况"表

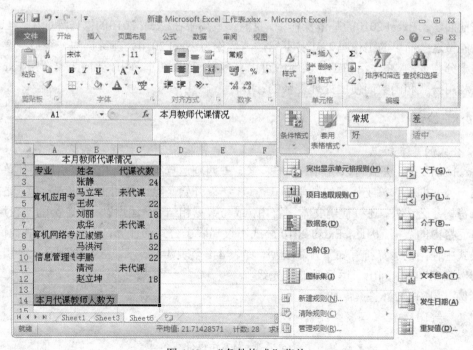

图 4.43 "条件格式"菜单

若想删除条件格式,则选择"开始"→"样式"→"条件格式"→"清除规则"→"清除所选单元格的规则"命令或"清除整个工作表的规则"命令即可。

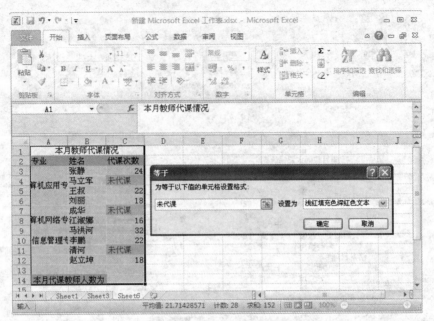

图 4.44　设置"条件格式"

4.4　公式和函数

　　在前面学习Excel 2010的基本操作中，我们一直局限在Excel 2010的操作界面中，难道Excel 2010只能做这些简单的工作吗？其实不然，函数作为Excel 2010处理数据的一个最重要手段，功能是十分强大的，在生活和工作实践中可以有多种应用。在本节中，要向大家介绍 Excel 2010 中如何利用公式和函数简便地处理复杂的计算。

4.4.1　公式

1．公式的基本知识

　　Excel 2010 中，公式可以进行＋、－、×、÷四则运算等计算，也可以引用其他单元格中的数据。公式即是计算工作表的数学等式，以"＝"开始。除可使用＋、－、×、／之类的算术运算符构建公式外，还可使用文本字符串，或与数据相结合，运用＞、＜之类的比较运算符，比较单元格内的数据。因此，Excel 2010 公式不仅局限于公式的计算，还可以用于其他情况中。

　　公式中使用的运算符有如下 4 种类型，如表 4-1 至表 4-4 所示。图 4.45 则是一个引用运算符的实例。表 4-5 中列出了运算符的优先级。

　　示例：=10+4*2（答案：18）

　　　　　=(10+4)*2（答案：28）。

表 4-1　算术运算符

算术运算符	说明
＋	加法
－	减法
*	乘法

续表

算术运算符	说明
/	除法
%	百分比
^	乘方

表 4-2　比较运算符

比较运算符	说明
=（等号）	左边与右边相等
>（大于号）	左边大于右边
<（小于号）	左边小于右边
>=（大于等于号）	左边大于或等于右边
<=（小于等于号）	左边小于或等于右边
<>（不等号）	左边与右边不相等

表 4-3　文本运算符

文本运算符	说明
&（结合）	多个文本字符串，组合成一个文本显示

表 4-4　引用运算符

引用运算符	说明
,（逗号）	引用不相邻的多个单元格区域
:（冒号）	引用相邻的多个单元格区域
（空格）	引用选定的多个单元格的交叉区域

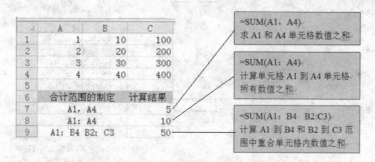

图 4.45　引用运算符实例

表 4-5　运算符优先级

优先级	运算种类
1	%（百分号）
2	∧
3	* 或 /

续表

优先级	运算种类
4	＋或－
5	&
6	使用＝、＜、＞、＜＝、＞＝、≠等的比较

图 4.46 是介绍各种公式的例子。如果在单元格中指定公式，通常情况下它的计算结果会显示在指定单元格中。

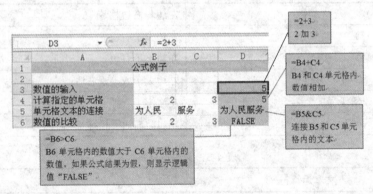

图 4.46　公式例子

2. 公式的输入

在 Excel 2010 中，可以利用公式进行各种运算，如图 4.47 所示。输入公式的步骤如下：

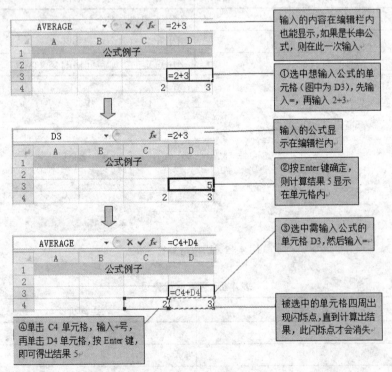

图 4.47　公式的输入

①选中需要显示计算结果的单元格；

②在单元格内先输入 "="；

③输入公式；

④按 Enter 键。

从键盘直接输入公式时，选中需显示计算结果的单元格，并在单元格内先输入 "="。如果不输入 "="，输入的公式和文字则不能显示，也不能得出计算结果，所以必须注意。另外，在公式中也可以引用单元格，而且引用包含有数据的单元格，在修改单元格中的数据时，不需要修改公式。

在公式中引用单元格时，单击相应的单元格（选中的单元格区域）比直接输入数据简单，选定的单元格被原样插入到公式中。另外，输入公式后，任何时候都可以在编辑栏中进行修改。如果有多余的公式，选中单元格，按 Delete 键即可。

可以在公式中直接输入数值，也可以用公式引用输入数值的单元格。

引用单元格和直接输入数据的比较：

在公式中引用单元格时，如图 4.47 所示，直接单击单元格，单元格边框四周会呈闪烁状态，然后能够重新选择其他的单元格。

修改输入完成的公式时，先选中输入公式的单元格，然后在编辑栏内直接编辑公式，如图 4.48 所示。

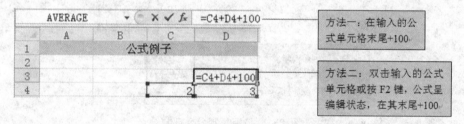

图 4.48　修改公式

选中输入有公式的单元格，按 Delete 键，删除不需要的公式。如果要删除输入到多个单元格中的公式，先选中多个单元格再执行此操作，如图 4.49 所示。

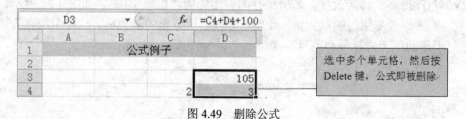

图 4.49　删除公式

3. 复制公式

当需在多个单元格中输入相同的公式时，通过复制公式方式更快捷方便。在默认状态下，复制公式时，需保持复制的单元格数目一致，而公式中引用的单元格会自动改变。在单元格中复制公式，有使用自动填充方式和复制命令两种方法，把公式复制到相邻的单元格，使用自动填充方式更快捷方便。

拖动单元格右下角的填充手柄，能简单地复制输入在单元格中的公式。如图 4.50 所示，把单元格 C3 中的公式复制到 C4 和 C5 单元格中。用复制命令复制公式，如图 4.51 所示。

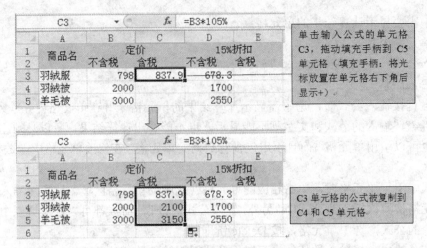

图 4.50 使用自动填充方式复制

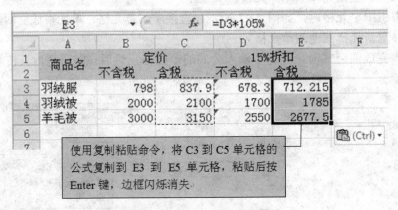

图 4.51 使用复制命令复制

4. 单元格的引用

如果在 Excel 2010 的默认状态下输入公式，公式中引用的单元格与复制位置的单元格会保持一致，自动进行了相应改变，则所进行的引用称为"相对引用"，如图 4.52 所示。如果只复制公式，而不想改变引用的单元格，此时，一般引用特定的单元格，这种引用称为"绝对引用"。绝对引用的单元格行号和列号前面带有"$"符号。

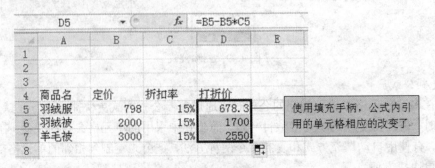

图 4.52 相对引用

在单元格 C5 中输入"定价－定价*折扣率"公式，然后把它复制到下面的单元格。所有的折扣率都得引用 C2 单元格，因此绝对引用 C2 单元格，绝对引用中引用的单元格即使复制，它的单元格地址也不会变，如图 4.53 所示。

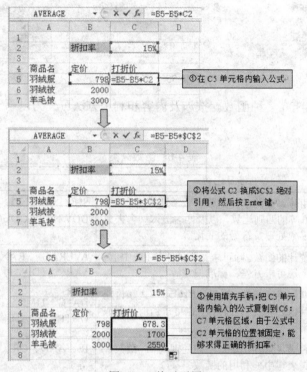

图 4.53　绝对引用

4.4.2　函数

1. 函数的基本知识

Excel 2010 中可以进行各种各样的计算，一般都需要多个计算公式，才能进行相对复杂的计算。在公式开头先输入 "=" 号，然后再输入函数名，在函数名后加()号即可输入函数。参数是计算和处理的必要条件，参数类型和内容会因函数不同而不同。如图 4.54 所示是函数的通用格式。

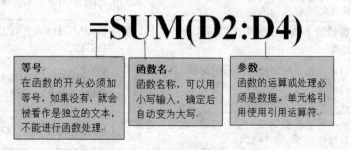

图 4.54　函数的格式

选中输入公式的单元格，在编辑栏内就会出现函数公式，计算结果则显示在单元格中，如图 4.55 所示。

图 4.55　函数表示

Excel 2010 中有 300 多种函数。按涉及内容和利用方法可分为以下 11 种类型，如表 4-6 所示。

表 4-6　函数分类

类型	涉及内容	函数符号
数学与三角	包含使用频率高的求和函数和数学计算函数。求和、乘方等的四则运算，以及四舍五入、舍去数字等的零数处理及符号的变化等	SUM、ROUND、ROUNDUP、ROUND-DOWN、PRODUCT、INT、SIGN、ABS 等
统计	求数学统计的函数。除可求数学的平均值、中值、众数外，还可求方差、标准偏差等	AVERAGE、RANK、MEDIAN、MODE、VAR、STDEV 等
日期与时间	计算日期和时间函数。年月日的显示格式和日期数据序列值之间的相互转换，也可求当前日期或时间的函数	DATE、TIME、TODAY、NOW、EOM-ONTH、EDATE 等
逻辑	根据是否满足条件，进行不同处理的 IF 函数，及在逻辑表述中被利用的函数	IF、AND、OR、NOT、TRUE、FALSE 等
查找与引用	从表格或数组中提取指定行或列中的数值、推断出包含目标值的单元格位置	VLOOKUP、HLOOKUP、INDIRECT、ADDRESS、COLUMN、ROW 等
文本	用大小写、全半角转换字符，在指定位置提取某些字符等，用各种方法操作字符串的函数分类	ASC、UPPER、LOWER、LEFT、RIGHT、MID、LEN 等
财务	计算贷款支付额或存款到期支付额等，或与财务相关的函数。也包含求利率或余额递减折旧费等函数	PMT、IPMT、PPMT、FV、PV、RATE、DB 等
信息	检测单元格内包含的数据类型，求错误值种类的函数。也包含求单元格位置和格式等的信息或收集操作环境信息的函数	ISERROR、ISBLANK、ISTEXT、ISNUMBER、NA、CELL、INFO 等
数据库	从数据清单或数据库中提取符合给定条件数据的函数	DSUM、DAVERAGE、DMAX、DMIN、DSTDEV 等
工程	专门计算用于科学与工程系的函数。复数的计算或将数值换算到 N 进制的函数、关于贝塞尔函数的计算、单位转换的函数	BIN2DEC、COMPLEX、IMREAL、IMAGINARY、BESSELJ、CONVERT 等
外部	为利用外部数据库而设置的函数，也包含将数值换算成欧洲单位的函数	EURCONVERT、SQL.REQUEST 等

2.　输入函数

输入函数有使用"插入函数"对话框和在单元格中直接输入函数两种方法。当不清楚参数顺序和内容时，或自己不清楚使用何种函数来处理时，可以使用"插入函数"对话框的方法来输入函数。此时，会自动输入用于区分同一类型参数的"，"和加双引号的文本。如果是经常使用的函数，一般能记住参数的顺序和指定方法，直接在单元格中输入会比较方便。

（1）利用"插入函数"对话框输入函数（也可使用"自动求和"按钮）

实例：使用"插入函数"对话框，在 C5 单元格内输入求和函数 SUM，如图 4.56 所示。

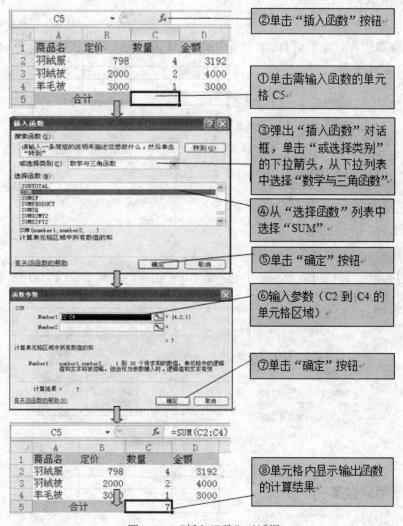

图 4.56　"插入函数"对话框

（2）在单元格中直接输入函数

实例：在单元格 C5 中直接输入求和函数 SUM，如图 4.57 所示。

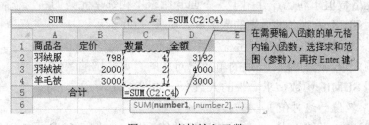

图 4.57　直接输入函数

3. 函数的修改

在任何时候都可以修改编辑栏内的函数内容。此时，必须注意符号或拼写错误。也可以选中显示在单元格内的彩色参数，修改参数的单元格区域。如果已确定彩色参数的四角，就可以一边确定单元格区域，一边扩大或缩小参数单元格区域。另外，选定输入函数的单元格，按Delete 键即可删除输入的函数。

（1）使用编辑栏修改

实例：在编辑栏内把输入到 D6 单元格内的 SUM 函数的求和范围修改为 D2 到 D5 的单元格区域，如图 4.58 所示。

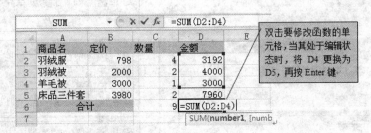

图 4.58　使用编辑栏修改

（2）使用彩色标识修改

实例：使用彩色标识将 D6 单元格中输入的 SUM 函数的求和范围改变为 D2 到 D5 的单元格区域，如图 4.59 所示。

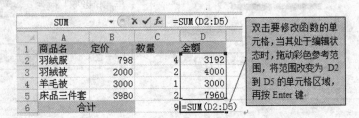

图 4.59　使用彩色标识表示修改

4.4.3　常用函数实例

1. SUM（求和）

使用 SUM 函数可以求数值之和，它是 Excel 2010 中最经常使用的函数之一。可使用"插入函数"对话框插入 SUM 函数求和，也可以单击工具栏中的"自动求和"按钮进行求和。

相邻的单元格数值求和已经介绍了，下面介绍求不相邻单元格的和。

实例：利用 SUM 函数，求男生的人数和，如图 4.60 所示。

2. SUMIF（根据指定条件对若干个单元格求和）

在选中范围内求与检索条件一致的单元格对应的合计范围的数值。

实例：利用 SUMIF 函数，求女生的人数和，如图 4.61 所示。

3. ABS（求数值的绝对值）

实例：利用 ABS 函数，求 A2 单元格数值的绝对值，如图 4.62 所示。

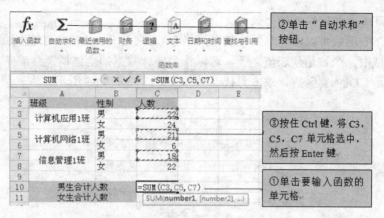

图 4.60　SUM 函数

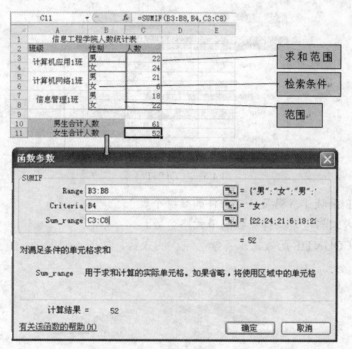

图 4.61　SUMIF 函数

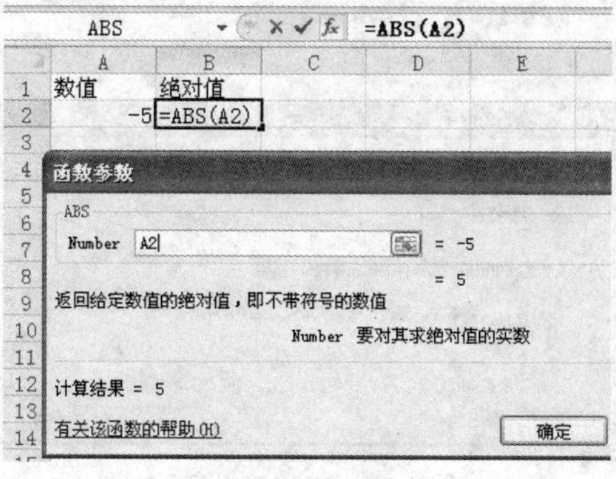

图 4.62　ABS 函数

4. COUNT（求数值数据的个数）

使用 COUNT 函数可以求包含数字的单元格个数。它是 Excel 2010 中使用最频繁的函数之一。在统计领域中，个数是代表值之一，可以作为统计数据的全体调查数或样本数使用。

实例：利用 COUNT 函数，求本月代课教师人数，如图 4.63 所示。

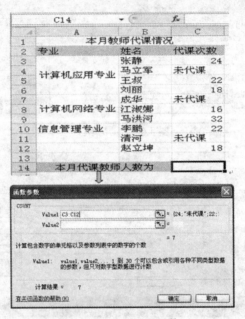

图 4.63　COUNT 函数

5. COUNTIF 函数（求满足给定条件的数据个数）

在选择范围内求与检索条件一致的单元格个数。

实例：利用 COUNTIF 函数，求各学历层次的人数，如图 4.64 所示。

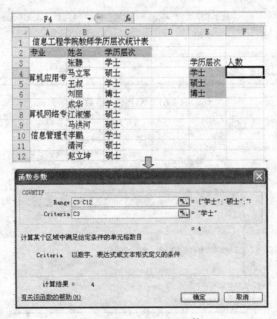

图 4.64　COUNTIF 函数

6. AVERAGE 函数（求参数的平均值）

实例：利用 AVERAGE 函数，求各季度的销售额平均值，求得 B8 单元格的数值后，拖动填充手柄到 E8 单元格，如图 4.65 所示。

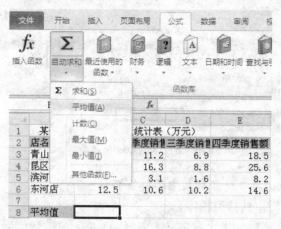

图 4.65　AVERAGE 函数

7. MODE（求数值数据的众数）

使用 MODE 函数可以求数值数据中出现频率最多的值。

实例：利用 MODE 函数，求教师的普遍年龄段，如图 4.66 所示。

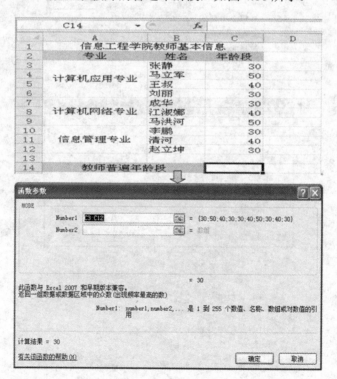

图 4.66　MODE 函数

8. MAX/MIN（返回一组数中的最大值/最小值）

实例：利用 MAX/MIN 函数，求单季度销售额最大值和最小值，如图 4.67 所示。

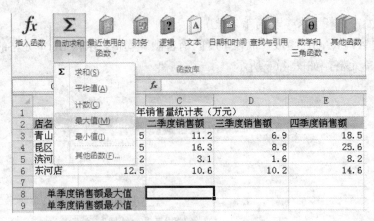

图 4.67　MAX/MIN 函数

9. RANK（返回一个数在一组数之中的排位）

在相同数进行排位时，其排位相同。

实例：利用 RANK 函数，求比赛排名，求得 D3 单元格的数值后，拖动填充手柄到 D12 单元格，如图 4.68 所示。

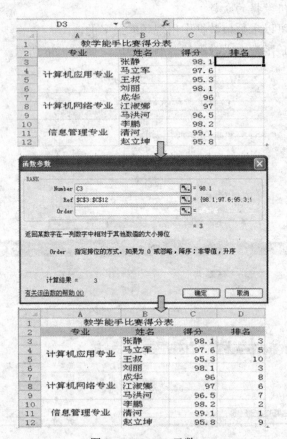

图 4.68　RANK 函数

10. IF（执行真假值判断，根据逻辑测试值返回不同的结果）

根据逻辑式判断指定条件，如果条件式成立，返回真条件下的指定内容。如果条件式不成立，则返回假条件下的指定内容。

　　实例：利用 IF 函数，判定学生成绩是否合格，求得 C3 单元格的数值后，拖动填充手柄到 C8 单元格，如图 4.69 所示。

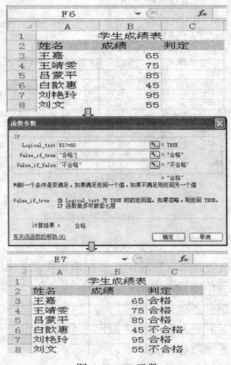

图 4.69　IF 函数

4.5　数据管理

　　对于工作表中的数据，用户可能不仅仅满足于自动计算，实际工作中往往还需要对这些数据进行动态的、按某种规则进行的分析处理。Excel 工作表提供了强大的数据分析和数据处理功能，其中包括对数据的筛选、排序和分类汇总等，恰当地使用这些功能可以极大地提高用户的日常工作效率。

4.5.1　数据清单

1. 数据清单

　　所谓数据清单，就是一系列带有标记且包含类似数据的行。在 Excel 2010 中，可以很容易地将数据清单用做数据库。在执行数据库操作时，例如查询、排序或汇总数据时，Excel 2010 会自动将数据清单视做数据库，并使用下列数据清单元素来组织数据：数据清单中的列是数据库中的字段；数据清单中的列标志是数据库中的字段名称；数据清单中的每一行对应数据库中的一个记录，如图 4.70 所示。

图 4.70　工作表中的数据清单

（1）创建数据清单的准则

Excel 2010 提供了一系列功能来很容易地在数据清单中处理和分析数据。在运用这些功能时，需根据下述准则在数据清单中输入数据：

①避免在一个工作表上建立多个数据清单。

②在工作表的数据清单与其他数据间至少留出一个空白列和一个空白行。

③避免在数据清单中放置空白行或列。

④避免将关键数据放到数据清单的左右两侧。

⑤在数据清单的第一行创建列标志。Excel 使用这些列标志创建报告，并查找和组织数据。

⑥列标志应与数据清单中其他数据的格式有明显区别，也可以用加边框来区分它们。

⑦如果要使用 Excel 的数据筛选功能，所使用的字段名不能相同。

⑧在设计数据清单时，应使同一列中的各行有相同的数据类型。

⑨在单元格的开始处不要插入多余的空格，因为多余的空格将影响排序和查找；不要使用空白行将列标志和第一行数据分开。

（2）定义数据清单名称

用户可按以下操作步骤直接定义数据清单名称：

①选定要定义名称的单元格区域（包含数据清单列名）。

②选择"公式"→"定义的名称"→"定义名称"，会弹出如图 4.71 所示的"新建名称"对话框。

③在"名称"输入框中键入数据清单的名称，并单击"确定"按钮。

（3）使用数据记录单

所谓数据记录单，就是一次显示一个完整记录的对话框。若要使用数据记录单，数据清单就必须具有列名。数据记录单能自动将用户所输入的数据反映到数据清单内。其操作步骤如下：

①选择"文件"→"选项"→在"Excel 选项"对话框中选择"快速访问工具栏"→在"从下列位置选择命令"输入框中选择"所有命令"→"记录单"→单击"添加"按钮，如图 4.72 所示。

图 4.71　"新建名称"对话框

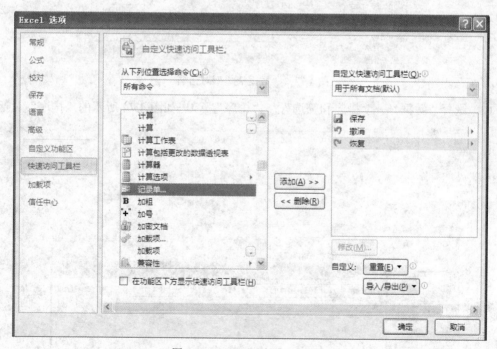

图 4.72　"Excel 选项"对话框

②单击"确定"按钮后，标题栏则出现"记录单"图标→选择要制作数据清单的单元格区域→单击"记录单"→弹出"数据清单"对话框，如图 4.73 所示。该框一次显示一个完整的记录。通过该框中的命令按钮，可以完成查看所有记录、删除记录和在数据清单尾部输入新记录等操作，还可以查找符合一定条件的记录。

4.5.2　数据排序

在某些表格中需要使数据按大小顺序排列。为保证数据有意义，排序一般是按列进行。以图 4.74 所示的数据清单按"食品"的降序排序为例，介绍排序的具体操作步骤：

（1）选择要进行排序的数据清单。

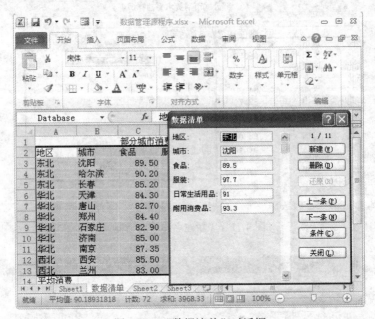

图 4.73　"数据清单"对话框

（2）选择"数据"→"排序和筛选"→"排序"，弹出如图 4.74 所示的"排序"对话框。

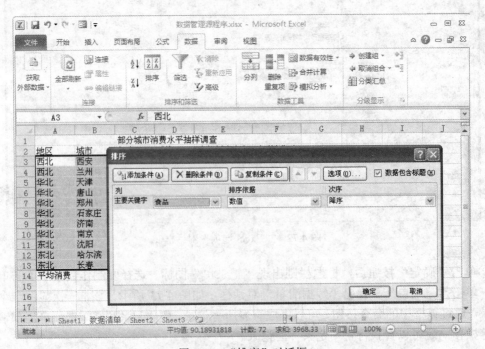

图 4.74　"排序"对话框

（3）在"排序"对话框中"主要关键字"下拉列表框中单击需要排序的列字段名（如"食品"），"排序依据"选择"数值"，"次序"选择"降序"，最后单击"确定"按钮即可。排序后的结果如图 4.75 所示。

图 4.75　按"食品"降序排序的结果

需要注意的是，有时候按单个关键字排序后，会出现两个或两个以上数值相同的情况，如果想再设定一个排序依据，则只需单击"添加条件"按钮即可，如图 4.76 所示。

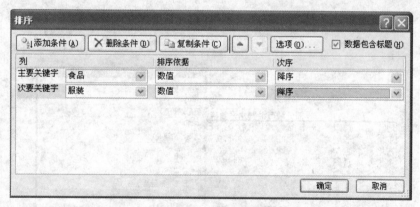

图 4.76　添加排序条件

4.5.3　分类汇总

仍以图 4.70 所示的数据清单为例，介绍为数据清单插入按"地区"分类，对"耐用消费品"值进行求和汇总的操作步骤：

（1）将图 4.70 所示的数据清单按"地区"排序，排序结果如图 4.77 所示。注意：作为分类的列必须先排序。

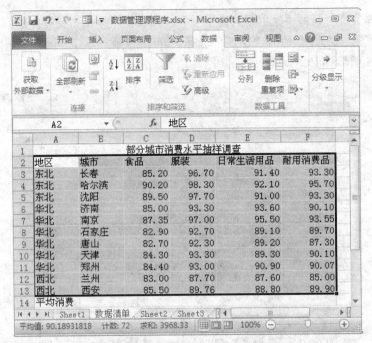

图 4.77 按"地区"升序排序的结果

（2）选择要进行分类汇总的数据清单。

（3）选择"数据"→"分级显示"→"分类汇总"命令，则出现如图 4.78 所示的"分数汇总"对话框。

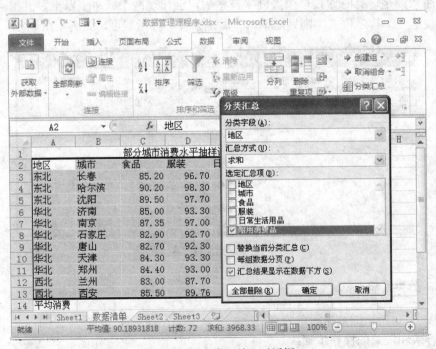

图 4.78 "分类汇总"对话框

（4）在"分类汇总"对话框中的"分类字段"下拉列表框中选择"地区"；在"汇总方

式"下拉列表框中选择"求和";在"选定汇总项"下拉列表框中选择"耐用消费品",下边的复选框根据需要进行选择即可。

（5）单击"确定"按钮。操作结果如图 4.79 所示。

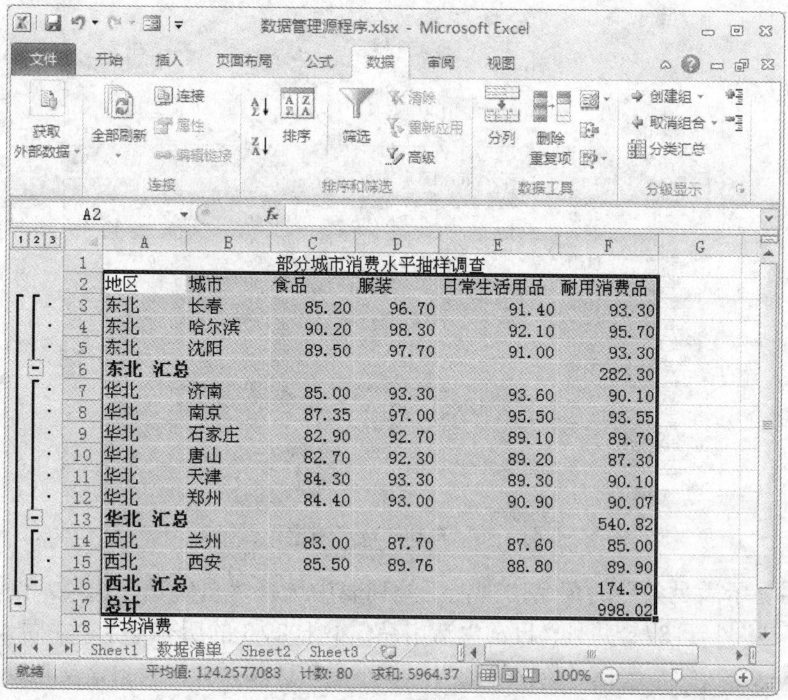

图 4.79　分类汇总结果

插入了分类汇总值的工作表可有不同显示方式,以显示出不同级别的数据信息。操作方法是:单击图 4.79 所示工作表名称框边的"1"、"2"和"3"按钮,可进行不同级别数据信息的显示。

当在数据清单中清除分类汇总时,Excel 同时也将清除分级显示和插入分类汇总时产生的所有自动分页符。具体操作步骤如下:

（1）在含有分类汇总的数据清单中,单击任意单元格。

（2）选择"数据"→"分级显示"→"分类汇总"→"全部删除"即可。

4.5.4　数据筛选

在 Excel 2010 中,可以利用筛选操作在一大堆数据中找出某一类记录或符合指定条件的记录来,以便加快下一步的操作速度。筛选的结果就是把不满足条件的记录隐藏起来,只在屏幕上显示满足条件的记录。

筛选数据的方法有两种:自动筛选和高级筛选。

1. 自动筛选

自动筛选仍以图 4.70 所示的数据清单为例。单击需要筛选的数据清单中任一单元格,然后选择"数据"→"排序和筛选"→"筛选"命令。如图 4.80 所示,自动筛选后,在每个字段名右侧均出现一个下拉箭头。

如果只要显示含有特定值的数据行,则可以单击对应字段名右侧的下三角按钮,在下拉列表中单击需要显示的数值即可。

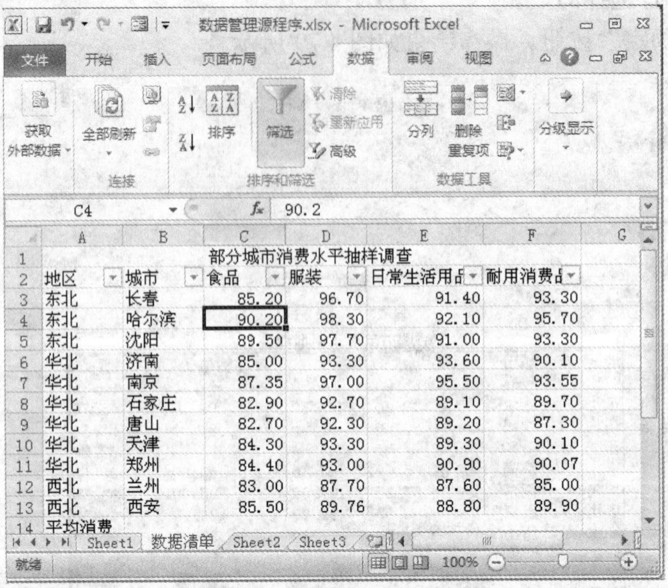

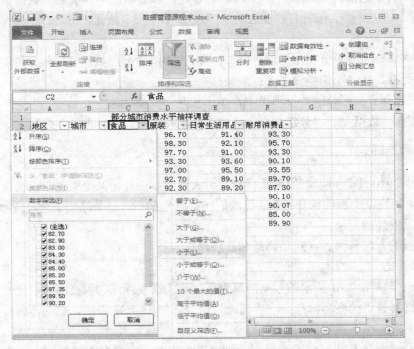

图 4.80　自动筛选后的工作表

　　如果是要显示满足条件的记录，则在下拉列表中选择"自定义"选项。例如，要筛选出条件满足"食品"小于 87.5 并且"日常生活用品"小于 89.3 的所有记录，在图 4.80 的"食品"字段上单击下三角按钮，选择"数字筛选"→"小于"选项，弹出"自定义自动筛选方式"对话框，输入筛选条件后单击"确定"按钮。采用同样的方法设置"日常生活用品"字段的条件，如图 4.81 至图 4.83 所示。最后的筛选结果如图 4.84 所示。

图 4.81　自动筛选

图 4.82　食品字段"自定义自动筛选方式"对话框

图 4.83　日常生活用品字段"自定义自动筛选方式"对话框

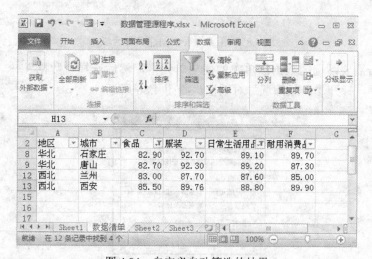

图 4.84　自定义自动筛选的结果

如果要取消对"食品"列的自动筛选操作，则仍然单击对应字段名右侧的下三角按钮，再单击"从'食品'中清除筛选"选项；如果要取消对所有列进行的操作，则选择"数据"→"排序和筛选"→"筛选"→"清除"命令；如果要撤消筛选的箭头，则选择"数据"→"排序和筛选"→"筛选"即可。

2. 高级筛选

如果数据清单中的字段比较多，筛选的条件也比较多，自定义筛选就会显得十分麻烦。对筛选条件较多或是要求筛选的结果存放在某个区域的情况，可以使用高级筛选功能来处理。

使用高级筛选功能，必须先建立一个条件区域，用来指定筛选的数据所需要满足的条件。条件区域的第一行放置作为筛选条件的字段名，这些字段名与数据清单中的字段名必须完全一样。条件区域的其他行则输入筛选条件。需要注意的是，条件区域和数据清单不能连接，必须用空行或空列将其隔开。

高级筛选的方法是：首先，按照筛选要求在工作表中创建条件区域，如图 4.85 所示，选定的部分为新建的条件区域。

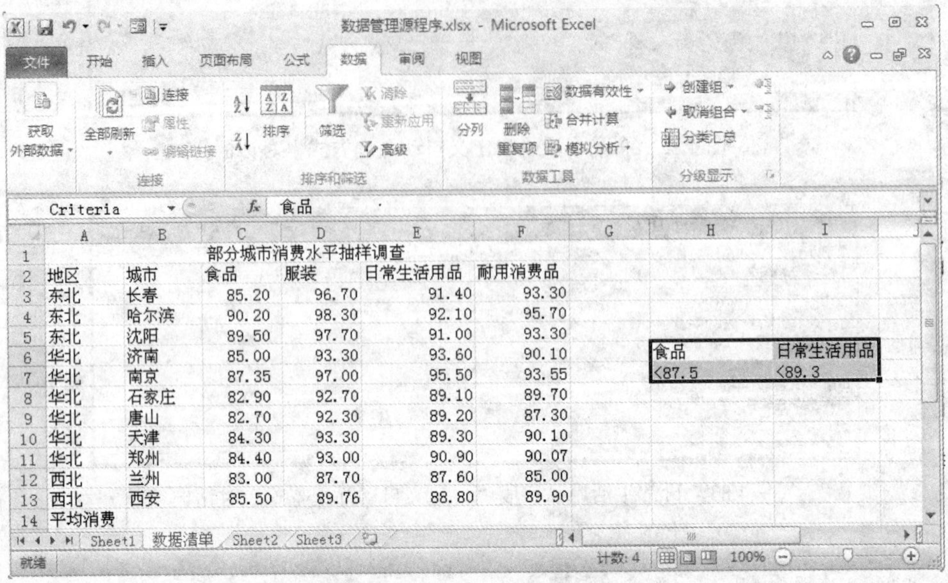

图 4.85 在工作表中创建条件区域

其次，单击需要筛选的数据清单中的任一单元格，然后选择"数据"→"排序和筛选"→"高级"命令，打开"高级筛选"对话框，如图 4.86 所示。

图 4.86 "高级筛选"对话框

图 4.87 显示的结果是筛选条件为"食品"小于 87.5 且"日常生活用品"小于 89.3 的数据；筛选结果存放的位置是用户指定的，本题区域为 H9:M13。

对应于"在原有区域显示筛选结果"单选项，即取消筛选的显示结果，还原到原始的数据清单，则选择"数据"→"排序和筛选"→"筛选"→"清除"命令即可。

4.5.5 合并计算

在实际数据处理中，有时数据被存放到不同的工作表中，这些工作表可在同一个工作簿中，也可来源于不同的工作簿，它们格式基本相同，只是由于所表示的数据因为时间、部门、地点、使用者的不同而进行了分类；但到一定时间，还需要对这些数据表进行合并，将合并结果放到某一个主工作簿的主工作表中。

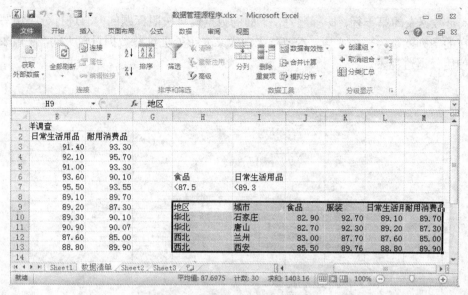

图 4.87　使用高级筛选后的结果

实例：一家企业集团，开始时为了分散管理的方便，分别将各个子公司的销售信息存放到了不同的工作簿中,最后年终可以采用多表合并的方式把各个工作簿中的信息再合并到一个主工作簿中。

说明：Excel 支持将不多于 255 个工作表的信息收集到一个主工作表中。

图 4.89 表示的就是一个合并计算的例子，注意其中参与合并计算的 3 个工作表可以分别来源于不同的工作簿，也可以是一个工作簿中的不同的 3 个工作表。

假设求"全公司合计销售情况"中空调的合计销售额，方法是：设置将要存放合并计算结果的位置，在图 4.89 中便是"全公司合计销售情况"表中的 B2 单元格，选择"数据"→"数据工具"→"合并计算"→弹出"合并计算"对话框→添加"引用位置"→"确定"，如图 4.88所示。结果如图 4.89 所示。

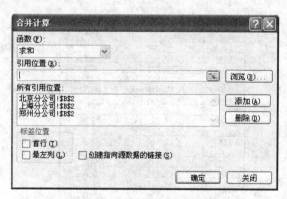

图 4.88　"合并计算"对话框

4.5.6　数据透视表

在 Excel 中，往往会在数据表中存放或管理数据量较大的数据，若没有好的工作方法，这些数据确实是很难进行统计和分析的。其实，这些数据大多是以字段表的形式填写的。所谓"字段表"就是数据表的第一行，即标题行，下面的数据信息按照标题的内容进行分类填写，每个标题所在的一列就称为一个字段，本节就来向大家介绍处理这些数据量较大的"字段表"的方法——使用数据透视表。

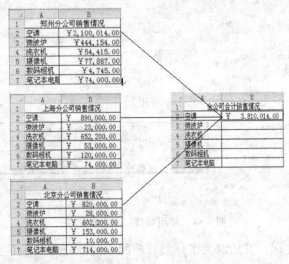

图 4.89　合并计算实例

数据透视表可以通过"插入"→"数据透视表"命令生成。根据需要，可以使"数据透视表"创建在源数据表中或是创建在一个新的"数据透视表"工作表中。

实例：创建销售订单数据透视表，创建步骤如图 4.90 至图 4.94 所示。

图 4.90　"销售订单月表"

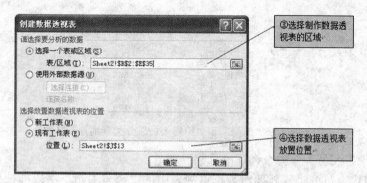

图 4.91　"创建数据透视表"对话框

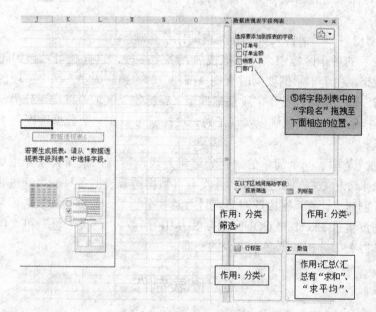

图 4.92　数据透视表字段列表

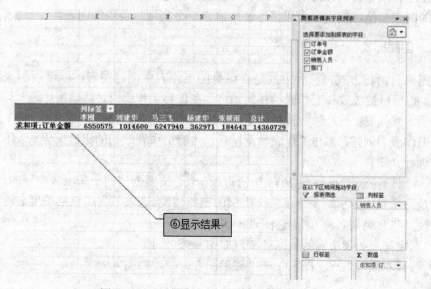

图 4.93　以"销售人员"分类查询订单总额

行标签	求和项:订单金额
⊟销售二部	**7928146**
李刚	6550575
刘建华	1014600
杨建华	362971
⊟销售一部	**6432583**
马三飞	6247940
张筱雨	184643
总计	**14360729**

图 4.94　以"部门"和"销售人员"分类查询订单总额

（1）以"销售人员"分类查询订单总额

既然是以销售人员分类，就要将数据透视表中的"销售人员"字段拖拽至"行标签"区域或"列标签"区域以进行自动分类；然后再将"订单金额"字段拖拽至"数值"区域，以进行求和汇总。

（2）以"部门"和"销售人员"分类查询订单总额

在数据透视表的各个区域中，可以拖拽放置多个字段，这样就可以起到同时查询多个字段的分类汇总效果。由于本示例要同时查询"部门"和"销售人员"两个字段的分类，所以可以分别将"部门"和"销售人员"字段都拖拽至"行标签"区域，以实现分类；然后再将"订单金额"字段拖拽至"数值"区域以实现汇总。这样就可以在一个数据透视表中查询多字段分类的汇总效果了。

在此，我们只是举了一个简单的"销售订单月表"案例，来向大家介绍如何通过 Excel 中的数据透视表来分析数据。限于篇幅，并没有将数据透视表的各种应用都进行介绍，使用数据透视表还可以创建"计算"字段或对多表进行透视分析等。数据透视表的应用是 Excel 软件的一大精华，它汇集了 Excel 的 COUNTIF、SUMIF 函数、"分类汇总"和"自动筛选"等多种功能，是高效办公中分析数据必不可少的利器。

4.6　图表制作

图表是工作表数据的图形表示。图表可以使数据包含的信息更形象、直观。Excel 2010 提供了强大的图表功能，使用户可以很方便地建立一个实用、美观的图表。

4.6.1　创建图表

创建图表有两种方式：一种方式是在现有的工作表中创建图表，以便用图来说明工作表中的数据，它可以被放置在工作表的任何地方，在保存工作簿时，将随工作表一同保存，这种图表称为插入式图表；另一种方式是在单独的图形表格中创建图表，即图表工作表。插入式图表和图表工作表的创建，都与工作表数据链接，并随工作表数据的更改而更新。下面以插入式图表为例进行介绍。

实例：针对某公司"硬件部 2013 年销售额"表，需要创建四个季度各类别的销售统计图。制作目的是为了对比分析每个季度各个类别的销售情况。选取数据应包括季度名称和各个季度销售额字段（包含类别名称），创建图表步骤如下：

（1）选定建立图表所需的数据区域，如图 4.95 所示。

（2）选择"插入"→"图表"→"柱形图"命令，如图 4.96 所示。

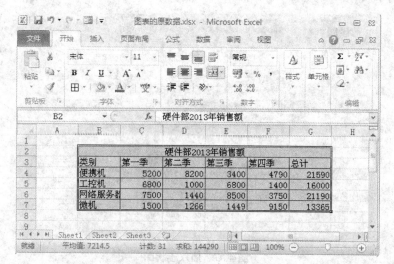

图 4.95　选定用于创建图表的数据

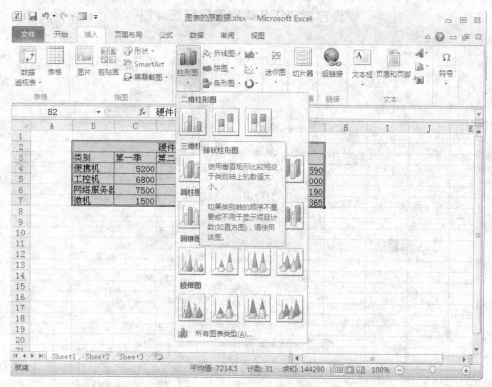

图 4.96　柱形图级联菜单

（3）本例选择"簇状柱形图"图表类型，在当前工作表中插入簇状柱形图，如图 4.97 所示，插入的图表只显示了图表的图例、水平类别轴和数值轴刻度。Excel 会自动新增图表工具所包含的"设计"、"布局"及"格式"三个选项卡，可以对图表进行编辑。

（4）为图表添加标题，选中图表区→"布局"→"标签"→"图表标题"→"图表上方"，在本例中输入图表标题为"硬件部 2013 年各季度销售额统计图"，如图 4.98 所示，对标题字体字号及位置可以进行调整，添加坐标轴标题方法类似，如图 4.99 所示。

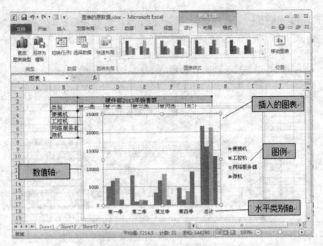

图 4.97 插入簇状图

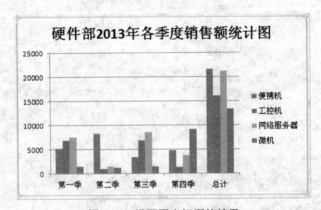

图 4.98 设置图表标题的效果

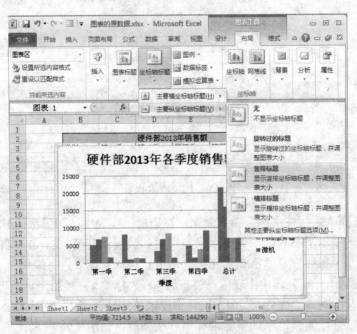

图 4.99 设置坐标轴标题

4.6.2 编辑图表

用户可能会对生成的图表感到不是很满意，特别是快速创建的图表、中间步骤没有详细设置的图表，因此，学会对图表进行修改是非常重要的。

图表的组成，如图 4.100 所示。

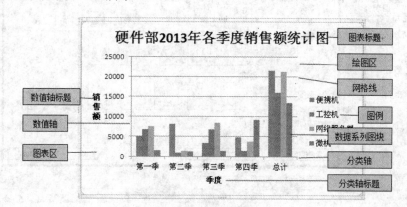

图 4.100 图表的组成

图表中各组成部分及功能说明如下：

● 图表标题：用于显示图表标题名称。
● 图表区：表格数据成图区，包含所有图表对象。
● 绘图区：图表主体区，用于显示数据关系的图形信息。
● 图例：用不同色彩的小方块和名称区分各个数据系列。
● 分类轴和数值轴：分别表示各分类的名称和各数值的刻度。
● 数据系列图块：用于标识不同系列，表现不同系列间的差异、趋势及比例关系，每个系列自动分配唯一一种图块颜色，并与图例颜色匹配。

1. 图表设置的修改

（1）更改图表类型

选择"图表区"空白处→单击"设计"→"类型"→"更改图表类型"→弹出"更改图表类型"对话框→选择需要的图表类型（本例选择折线图中"带数据标志的折线图"）→"确定"，此时图表的类型已经发生改变，Excel 自动切换至"设计"选项卡，单击"图表样式"组中的快翻按钮，在展开的图表样式库中选择需要的样式，如图 4.101 和图 4.102 所示。

除上述方法外，还可以右键单击图表空白处，在弹出的快捷菜单中选择"更改图表类型"选项，弹出"更改图表类型"对话框。

（2）更改数据源

选择"图表区"空白处→单击"设计"→"数据"→"选择数据源"→弹出"选择数据源"对话框，如图 4.103 所示。

单击"图表数据区域"后面的按钮可以重新选择数据源，此对话框还可以进行行和列的切换。

（3）更改图表布局

选择"图表区"空白处→单击"设计"→"图表布局"→ 在展开的图表布局库中选择需要的布局，如图 4.104 和图 4.105 所示。

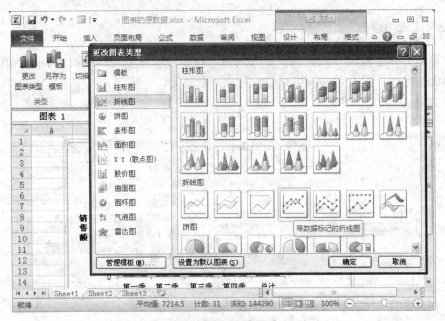

图 4.101　"更改图表类型"对话框

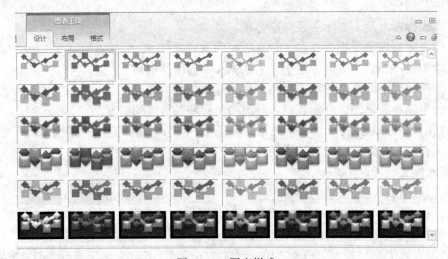

图 4.102　图表样式

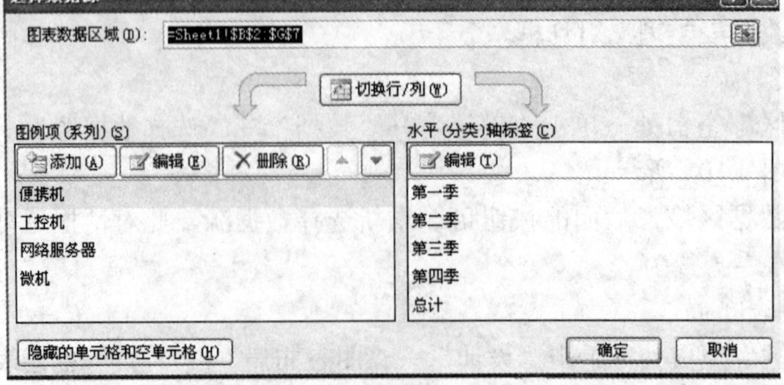

图 4.103　"选择数据源"对话框

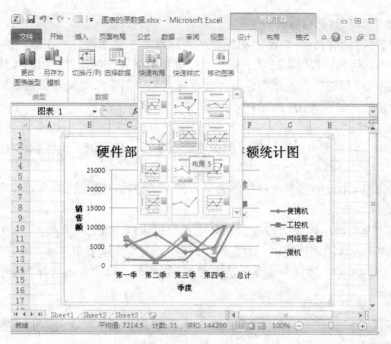

图 4.104　图表布局

图 4.105　对图表应用布局

（4）更改图表位置

选择"图表区"空白处→单击"设计"→"位置"→"移动图表"→弹出"移动图表"对话框→根据需要更改图表所处的位置，如图 4.106 所示。

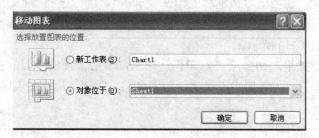

图 4.106　"移动图表"对话框

（5）更改图例和数据标签

选择"图表区"空白处→单击"布局"→"标签"→"图例"→在展开的菜单中选择图例位置→单击"其他图例按钮"选项→弹出"设置图例格式"对话框，如图4.107所示，可以通过"图例选项"、"填充"、"边框颜色"、"边框样式"、"阴影"、"发光和柔滑边缘"几个选项卡来更改图例格式，如图4.107所示。

2. 图表的修饰

图表的大小、位置均可以通过相应的调整进行修饰，想修饰某个区域最快捷的方法就是双击该区域。

实例：修饰图4.100的图表（包括图表区、图例的修饰以及坐标轴格式的设置等）。

（1）图表区的修饰

①双击图表空白区→弹出"设置图表区格式"对话框，通过"填充"、"边框颜色"、"边框样式"等选项卡设置图表区格式，本案例中，在"填充"选项卡中选择"纯色填充"单选项，在"填充颜色"处"颜色"项后单击颜色选取按钮，在展开的颜色框中选择"蓝色，淡色60%"，如图4.108所示。

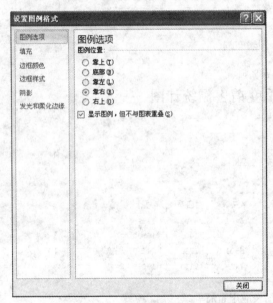

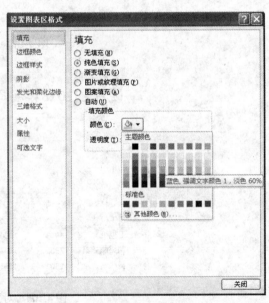

图4.107　"设置图例格式"对话框　　　　图4.108　设置图表区填充色

②设置边框颜色。切换至"边框颜色"选项卡，选择"实线"单选项，颜色设置同填充颜色的设置方法，选择"深蓝，深色25%"，如图4.109所示。

③设置边框样式。切换至"边框样式"选项卡，"宽度"选择"1.75磅"，单击"短划线类型"后面的按钮，在展开的列表中选择"方点"，将下方的"圆角"复选框勾选上，设置边框为圆角矩形，如图4.110所示。

④设置图表阴影效果。切换至"阴影"选项卡，单击"预设"后的按钮，在展开的列表中选择"内部"栏中的"内部居中"子项，如图4.111所示，最终图表区设置效果如图4.112所示。

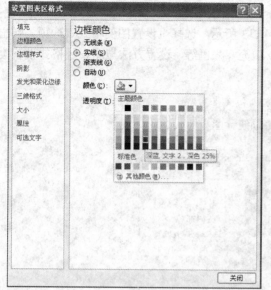

图 4.109 设置图表区边框颜色

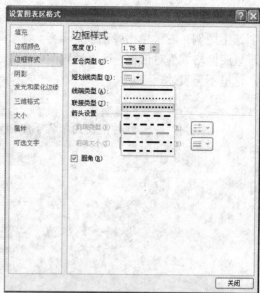

图 4.110 设置图表区边框样式

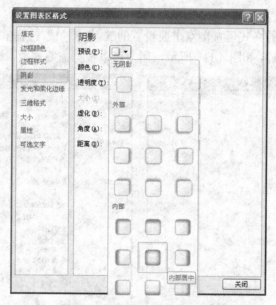

图 4.111 设置图表区阴影样式

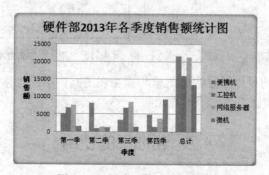

图 4.112 图表区格式设置效果

（2）图例的修饰

选中图例，右键单击弹出快捷菜单，如图 4.113 所示，选择"设置图例格式"选项，弹出"设置图例格式"对话框，可以设置图例位置、填充、颜色等，设置方法与图表区格式设置类似，这里不再赘述。

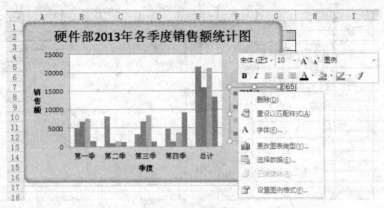

图 4.113 图例设置

（3）坐标轴格式设置

若修改图表坐标轴的格式可直接双击要设置的 X 坐标轴或 Y 坐标轴，弹出"设置坐标轴格式"对话框，如图 4.114 和图 4.115 所示，用户可以根据需要修改。

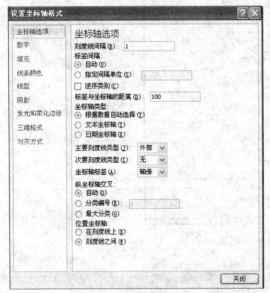 

图 4.114 "设置坐标轴格式"对话框——X 轴　　图 4.115 "设置坐标轴格式"对话框——Y 轴

上述图表格式设置均可以通过快捷菜单和"图表工具"中的"格式"选项卡中的"设置所选内容格式"按钮设置。

4.7 迷你图的使用

迷你图是 Excel 2010 的一个新增功能，它是绘制在单元格中的一个微型图表，用迷你图可以直观地反映数据系列的变化趋势。与图表不同的是,当打印工作表时,单元格中的迷你图会与数据一起进行打印。创建迷你图后还可以根据需要对迷你图进行自定义,如高亮显示最大值和最小值、调整迷你图颜色等。

4.7.1　迷你图的创建

迷你图包括折线图、柱形图和盈亏图三种类型,在创建迷你图时,需要选择数据范围和放置迷你图的单元格,如图 4.116 所示为某公司硬件部 2013 年销售额情况以迷你图的形式直观显示的效果图。

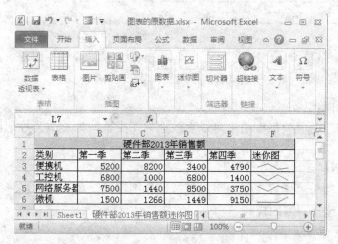

图 4.116　迷你图效果图

若要完成图 4.116 所示的迷你图效果,操作步骤如下:

单击要创建迷你图的表格的任意单元格→单击"插入"→"迷你图"→"折线图"→ 弹出"创建迷你图"对话框→选择"数据范围"→选择"迷你图放置的位置"→"确定"即可,如图 4.117 所示。

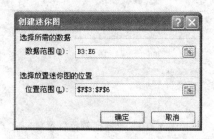

图 4.117　"创建迷你图"对话框

4.7.2　迷你图的编辑

在创建迷你图后,用户可以对其进行编辑,如更改迷你图的类型、应用迷你图样式、在迷你图中显示数据点、设置迷你图和标记的颜色等,以使迷你图更加美观,具体方法如下:

1. 为迷你图显示数据点

选中迷你图,勾选"设计"选项卡"显示"组中的"标记"复选框,则迷你图自动显示数据点,如图 4.118 所示。

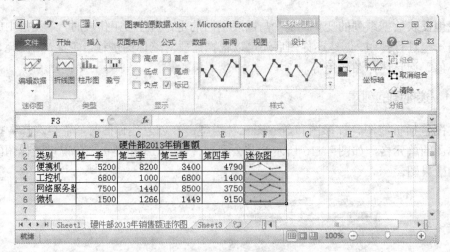

图 4.118　为迷你图显示数据点

2．更改迷你图类型

在"设计"选项卡"类型"组中可以更改迷你图类型，如更改为柱形图或盈亏图，如图 4.118 所示。

3．更改迷你图样式

在"设计"选项卡"样式"组中可以更改迷你图样式，单击迷你图样式快翻按钮，在展开的迷你图样式中选择所需的样式。

4．迷你图颜色设置

在"设计"选项卡"类型"组中可以修改迷你图颜色，单击"标记颜色"按钮可以修改标记颜色，如图 4.119 所示。

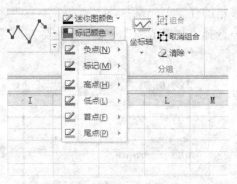

图 4.119　"标记颜色"菜单

5．迷你图源数据及位置更改

单击"设计"选项卡"迷你图"组中的"编辑数据"按钮，在弹出的级联菜单中可以更改所有迷你图或单个迷你图的源数据和显示位置，只需重新选取即可。

6．迷你图的清除

方法一：单击右键，在弹出的快捷菜单中选择"迷你图"级联菜单中的"清除所选的迷你图"或"清除所选的迷你图组"可以删除迷你图。

方法二：单击"设计"选项卡"分组"组中的"清除"按钮，选择"清除所选的迷你图"或"清除所选的迷你图组"也可以删除迷你图。

4.8　页面设置、打印及工作表中链接的建立

4.8.1　页面设置

工作表设计完成后，为了打印出精美而准确的工作报表，需要进行相关的打印设置。页面设置是必不可少的，它包括打印方向、缩放比例、页边距、纸张大小、页眉/页脚等一系列设置，单击"页面布局"选项卡下的"页边距"按钮，在展开的菜单中选择"自定义边距"选项，弹出"页面设置"对话框，如图 4.120 所示，页面设置包含"页面"、"页边距"、"页眉/页脚"、"工作表"四个选项卡。

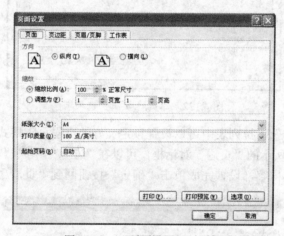

图 4.120　"页面设置"对话框

1. 页面的设置

通过"页面"选项卡的设置，可以设置页面纸张的方向、缩放比例、纸张大小、打印质量和起始页码。

2. 页边距的设置

通过"页边距"选项卡的设置，可以设置页的上下左右边距、页眉页脚边距及页面的水平和垂直居中方式，如图 4.121 所示。

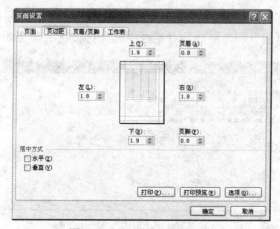

图 4.121　"页边距"选项卡

3. 页眉/页脚的设置

在"页眉/页脚"选项卡中可以对页眉/页脚内容进行设置，"页眉/页脚"选项卡如图 4.122 所示。

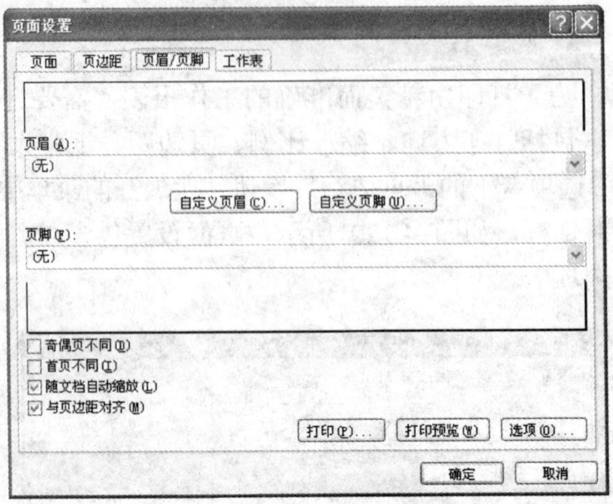

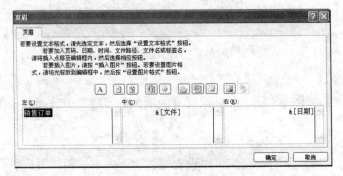

图 4.122　"页眉/页脚"选项卡

在"页眉"、"页脚"下拉列表中可以设置预定义好的页眉页脚格式，单击"自定义页眉"按钮，弹出如图 4.123 所示的"页眉"对话框，可以在"左"、"中"、"右"三个列表框中直接输入相应位置需显示的内容，设置完成单击"确定"按钮回到"页眉/页脚"选项卡。

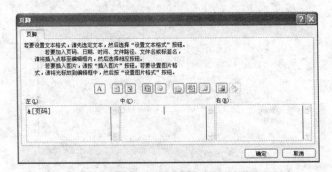

图 4.123　"页眉"对话框

单击"自定义页脚"按钮，弹出"页脚"对话框，如图 4.124 所示，可同自定义页眉一样直接输入页脚内容。"页眉"和"页脚"对话框中间一排按钮的含义如表 4.7 所示。

图 4.124　"页脚"对话框

表 4.7　按钮功能

按钮	功能	按钮	功能
A	定义页眉/页脚中的字体		插入页码
	插入总页码		插入当前日期
	插入当前时间		插入当前工作簿路径和文件名
	插入工作簿名		插入工作表名
	插入图片		对插入图片格式设置

在"页眉/页脚"选项卡下，单击"打印预览"按钮可以看到预览效果。

4. 标题行和标题列的设置

在"工作表"选项卡下，可以设置打印区域、打印顶端标题行、左端标题行、打印顺序等，如图 4.125 所示。

图 4.125　"工作表"选项卡

4.8.2　打印输出

页面设置完成后，在打印预览中若没有问题，则要进行打印设置，单击"页面设置"对话框中的"打印"按钮，或执行"文件"选项卡下的"打印"命令，进入打印页面，如图 4.126 所示，在"设置"中的第一个下拉列表中有"打印活动工作表"、"打印整个工作簿"、"打印选定区域"三个选项，用户可以根据需要选择打印范围；在"份数"中可设定打印份数；"页数"后可设定打印页面，以及打印纸张、页边距等，根据需要进行设置，单击"确定"按钮打印。

4.8.3　工作表中链接的建立

在 Excel 中，可以在电子表格中插入超链接，从而能从工作表的某一单元格跳至另一部分内容，或者从一个工作表跳至另一个工作表，甚至从一个工作表跳至局域网或 Internet 上的文件。用户可以很方便地调用这些外部数据，并对这些数据进行更新和修改。

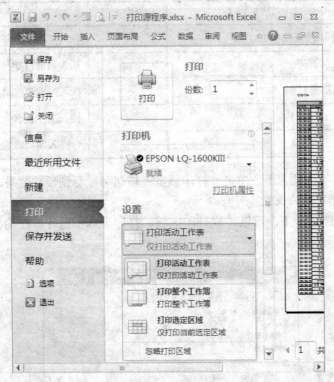

图 4.126　打印设置

操作方法如下：

先在工作表中选定要插入超链接的单元格，或者是其他的对象，如图片、剪贴画、艺术字等→"插入"→"链接"→"超链接"，出现如图 4.127 所示对话框，选择要进行链接的文件或文件中的位置，最后单击"确定"按钮，就完成了超链接的设置。

图 4.127　超链接的设置

在完成上述操作后，就在工作表中建立了超链接。这个时候，超链接的文字"张筱雨"就会以蓝色显示，并在文字下面加上了下划线。如果将鼠标移到此链接的位置上，鼠标就会变成小手形状，并在其下方显示出所设定的屏幕提示内容。用鼠标在链接上单击，Excel 就会立刻寻找链接文件或文件中的位置，并自动将其打开。

在 Excel 中建立超链接是很有用处的，它能让我们的主界面显得非常简洁，而将其他的详细数据存放在其他的地方，当需要时能迅速的调出来，方便查找使用。

在本章中，主要介绍了 Excel 2010 的一些常用功能，还有许多功能未介绍。以后用到时，可查阅相关书籍。

习题 4

1．如何用 Excel 2010 的模板打开新文件？
2．如何对一张工作表改名？
3．在工作表中怎样进行自动填充操作？
4．如何对特定的行或列调整行高与列宽？
5．如何设置单元格的格式？
6．怎样快速复制相同的公式？
7．在编辑中怎样使用快捷菜单？
8．在工作表中如何插入超链接？
9．如何为工作表设置页眉和页脚？
10．如何对文件进行打印设置？

第 5 章　演示文稿制作软件 PowerPoint 2010

PowerPoint 2010 是 Office 2010 中的图形展示软件包,使用该软件包可以快速地创建具有专业水准的演示文稿,该软件包提供的多媒体功能可使展示效果图文俱佳、声形并茂。

5.1　演示文稿的基本操作

使用 PowerPoint 2010 制作幻灯片非常方便,可以很容易地输入标题、正文,插入图片,还可以根据制作者的喜好对演示文稿进行美化和修改;另外,在 PowerPoint 2010 的普通视图和幻灯片浏览视图下可以管理幻灯片的结构,调整幻灯片的顺序,删除、插入和复制幻灯片等。

5.1.1　启动与退出

1. 启动

PowerPoint 2010 常用的启动方法有两种:一种是单击"开始"→"所有程序"→Microsoft Office→Microsoft PowerPoint 2010 命令;另一种是双击桌面上的 PowerPoint 2010 图标。它的界面组成与 Word 2010 和 Excel 2010 相同,在此不做详述。

2. 退出

退出 PowerPoint 2010 的方法有三种:一是选择"文件"→"退出"命令;二是按 Alt+F4 组合键;三是单击"关闭"按钮。退出时,如果正在操作的演示文稿没有保存,则系统提示是否保存当前文档,选择相应命令后方可退出。

5.1.2　建立演示文稿

可以有多种方法建立演示文稿,如图 5.1 所示的"新建演示文稿"窗口,它包含了"可用的模板和主题"和"Office.com 模板"两大类,用户可根据制作的演示文稿的需要来选择不同的模板和主题。

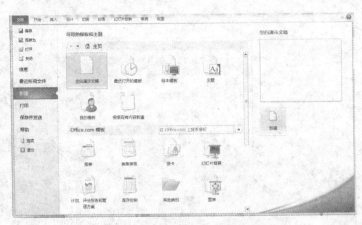

图 5.1　"新建演示文稿"窗口

下面以制作一张"个人简历"的幻灯片为例来说明建立演示文稿的操作步骤。

（1）在"新建演示文稿"窗口中，选择"空白演示文稿"，再单击"创建"按钮，打开"演示文稿 1"窗口，选择"开始"→"幻灯片"→"版式"，出现"幻灯片版式"列表框，如图 5.2 所示，选择一种版式，这里以默认的第一个"标题幻灯片"版式为例。

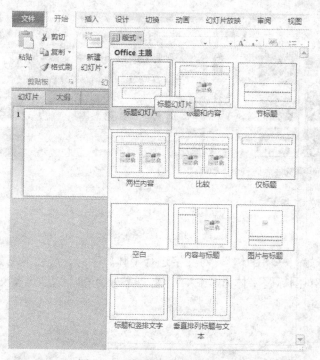

图 5.2　"幻灯片版式"列表框

（2）在出现的"标题"和"副标题"两个文本框中按提示输入相应内容。添加标题为"个人简历"，添加副标题为"赵一丁"，如图 5.3 所示。

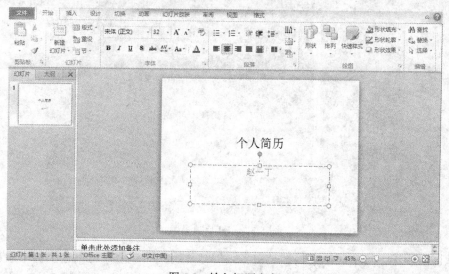

图 5.3　输入标题内容

（3）选择"设计"选项卡，给演示文稿添加"波形"主题，如图 5.4 所示。

图 5.4　设置文稿主题

（4）选择"开始"→"字体"，对文字进行字体、字号、颜色等格式设置。标题字体为"隶书"，字号为 88；副标题字体为"中华新魏"，字号为 60。适当调整文本框的大小和位置，效果如图 5.5 所示。

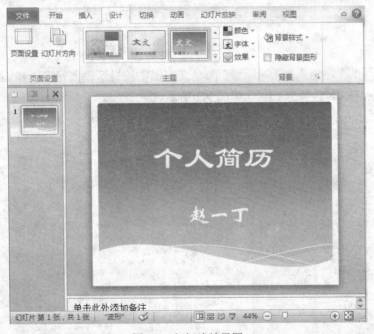

图 5.5　幻灯片效果图

在实际应用中，每个演示文稿都是由多张幻灯片组成的。用户可以在上例中添加多张幻灯片。对每张幻灯片均可进行各类编辑操作，如选定、删除、移动、复制、剪切、粘贴、撤消和恢复等。

5.1.3　打开、浏览、保存和关闭演示文稿

1．打开演示文稿

打开已有的演示文稿最快的方法是：单击标题栏左侧快速访问工具栏上的"打开"按钮，在弹出的对话框中选择要打开文件的位置、文件类型和文件名，如图 5.6 所示。此外，也可通过"查找"功能找到要打开的 PowerPoint 演示文稿。

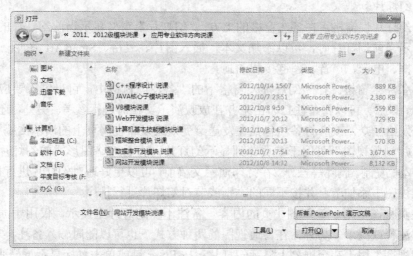

图 5.6　"打开"对话框

2．浏览演示文稿

用户在编辑演示文稿的过程中根据需要可随时切换浏览方式，方法有两种：一是选择"视图"→"演示文稿视图"中的某种浏览视图；二是单击状态栏右侧的视图图标。演示文稿视图包含"普通视图"、"幻灯片浏览视图"、"备注页视图"和"阅读视图"4 种方式，其中"普通视图"又包括 "幻灯片视图"和"大纲视图"两种浏览方式，如图 5.7 所示。

图 5.7　演示文稿视图

"普通视图"是主要的编辑视图，对幻灯片中的各个对象（如文字、图形、图表、艺术字等）进行编辑，用于撰写和设计演示文稿，有四个工作区域：

（1）"大纲"选项卡。此区域是您开始撰写内容的理想场所。在这里，您可以捕获灵感，计划如何表述它们，并能移动幻灯片和文本。"大纲"选项卡以大纲形式显示幻灯片文本。

（2）"幻灯片"选项卡。在编辑时以缩略图大小的图像在演示文稿中观看幻灯片。使用缩略图能方便地遍历演示文稿，并观看任何设计更改的效果。在这里还可以轻松地重新排列、添加或删除幻灯片。

（3）"幻灯片"窗格。在备注窗格的上方，"幻灯片"窗格显示当前幻灯片的大视图。在此视图中显示当前幻灯片时，可以添加文本，插入图片、表格、SmartArt 图形、图表、图形对象、文本框、电影、声音、超链接和动画。

（4）"备注"窗格。在"幻灯片"窗格下的"备注"窗格中，可以键入要应用于当前幻灯片的备注。以后，可以将备注打印出来并在放映演示文稿时进行参考。另外，还可以将打印好的备注分发给受众，或者将备注包括在发送给受众或发布在网页上的演示文稿中。

"幻灯片浏览视图"可用于多页并列显示幻灯片，查看缩略图形式的幻灯片，便于对幻灯片进行移动、复制、删除等操作。在打印演示文稿前，可以更好地对幻灯片进行排列和组织。也可以在此视图中添加节，并按不同的类别或节对幻灯片进行排序。

"备注页视图"用于输入备注页的内容。备注不在幻灯片上显示，仅用于演示者对每一张幻灯片的注释或提示。另外，在普通视图的两种方式下也可以随时输入备注。

"阅读视图"用于在全屏幕上显示幻灯片，按 Enter 键或单击鼠标显示下一张，按 Esc 键或放映完毕则恢复为放映前的视图模式。

3．保存演示文稿

编辑处理后的幻灯片必须保存才有效。方法有：在快速访问工具栏中单击"保存"按钮；选择"文件"→"保存"选项，可将建立的演示文稿保存在指定的文件中；选择"文件"→"另存为"选项，可更改当前文稿的保存位置、文件名和文件类型，生成一个新文件，如图 5.8 所示。演示文稿文件类型的扩展名是.PPTX。

图 5.8　"另保为"对话框

4. 关闭演示文稿

关闭当前演示文稿的方法是：单击"文件"→"关闭"命令。如果文稿没有事先保存，则弹出提示框，按用户需求操作即可。"关闭"与"退出"有所不同，"关闭"是指关闭目前正打开的文稿，PowerPoint 程序还处于打开状态；"退出"是指既关闭打开的文稿，同时又退出PowerPoint 程序。

5.2　演示文稿的格式化和设置幻灯片外观

幻灯片可用文字格式、段落格式、对象格式进行设置，使其更加美观。使用母版和模板可以在短时间内制作出风格统一的幻灯片。

5.2.1　幻灯片的格式化

选择"开始"→"字体"选项，可对文字的字体、字号、加粗、倾斜、下划线和字体颜色进行设置。选择"开始"→"段落"选项，可对段落进行设置。对插入的对象也可以进行填充颜色、边框、阴影等格式化，不同的对象需要用同样的格式时，可使用"格式刷"复制格式，不需要重复以前的操作，如图 5.9 所示。

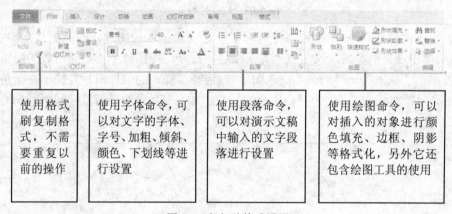

图 5.9　幻灯片格式设置

5.2.2　设置幻灯片外观

在 PowerPoint 2010 的幻灯片设计中，有很多丰富多彩、功能齐全的模板供用户使用，而且使用简单易行，只需用鼠标轻轻一点即可。尽管如此，还是有一些不尽如人意的地方。当提供的模板不能满足要求时，用户必须亲自来设计自己的模板，如个人宣传片。设置幻灯片外观的途径有三个，分别是"视图"中的"母版视图"、"设计"中的"背景"和"主题"。

1. 母版的设计

在 PowerPoint 2010 演示文稿设计中，除了每张幻灯片的制作外，最重要的是母版的设计，因为它决定了演示文稿的统一风格，甚至是创建演示文稿模板和自定义主题的前提。

母版分为幻灯片母版、讲义母版和备注母版三种，下面以幻灯片母版为例，操作步骤如下：

（1）新建一个空白演示文稿。

（2）单击"视图"→"母版视图"→"幻灯片母版"进入母版编辑状态，单击第一张母版，如图 5.10 所示。在图中有多张母版，将鼠标悬停在任意一张母版上即可看到它的应用范围。

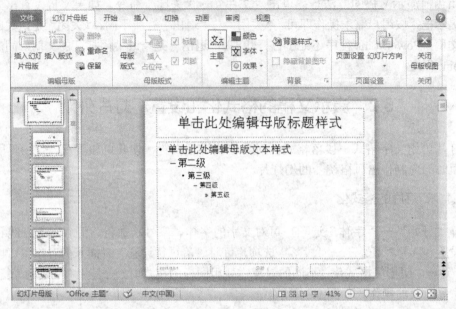

图 5.10　幻灯片母版

（3）单击"插入"→"图像"→"图片"，选择要插入的图片，在该图片上右击，在弹出的快捷菜单中选择"叠放层次"→"置于底层"命令，使图片不影响对母版的编辑。

（4）单击"插入"→"插图"→"图片"，选择要插入的徽标图片并拖至左上角的位置。

（5）除标题幻灯片以外，为其他所有幻灯片添加页脚，自动更新日期和页码均为默认值，如图 5.11 所示。

图 5.11　母版效果图

（6）按照提示可以对其他项目进行设置，如标题样式、各级文本样式的符号、主题、背景等。有时"标题幻灯片"需要区别于其他幻灯片，可以重新插入另一张图片，方法同上。也可以修改"标题"和"副标题"的字体、字号、颜色等。

（7）设计完成后即可保存母版，方法是：单击"幻灯片母版"→"关闭母版视图"，退出母版视图。

（8）单击"文件"→"保存"，弹出"另存为"对话框，在其中选择"保存类型"为"演示文稿模板（*.potx）"，文件名为"宣传.potx"，保存为模板供以后使用。

2．母版和模板的区别

母版是一类特殊的幻灯片，它能控制基于它的所有幻灯片，对母版的任何修改都会体现在很多幻灯片上，所以每张幻灯片的相同内容往往用母版来做，以提高效率。

模板是由母版设计而成的，用于提供样式文稿的格式、配色方案、母版样式及产生特效的字体样式等，应用设计模板可以快速生成风格统一的演示文稿。用户也可以根据需要对模板进行修改，也可以实现在一个演示文稿不同的幻灯片中应用不同的设计模板。

3．主题

主题是一组风格统一的设计元素，经常使用颜色、字体和图形来设置文档的外观。使用主题可以简化设计演示文稿的过程。主题可以用在 Office 整个组件程序里，使不同类型的文件都具有统一的风格。

PowerPoint 2010 创建的每个文档都有一个主题在里面，空白文档也是这样。默认主题是 Office 主题，它具有白色背景，同时显示各种细微差别的深色。在应用新主题时，Office 主题将替换为新的外观。更改演示文稿的主题会自动更改幻灯片的背景颜色、关系图、表格、图表、形状和文本的颜色、样式及字体。

主题放在"主题"库中，扩展名为.thmx。它适用于演示文稿中的所有部分，即不仅包含单张幻灯片中的文本或图形，还包含主题颜色、字体、效果、背景、幻灯片母版和幻灯片版式。

4．修改现有模板

如果用户觉得现有模板的背景不理想，则可以利用母版设计自行修改，操作过程如下：

（1）用要修改的模板创建幻灯片文档。

（2）单击"视图"→"母版视图"→"幻灯片母版"进入母版编辑状态，进行删除现有的背景图片、插入新图片、更改主题等操作。

5．占位符

在幻灯片中占位符是一个虚框，虚框内部往往有"单击此处添加标题"之类的提示语。单击它，提示语会自动消失。当用户创建自己的模板时，占位符就显得非常重要，它可以起到规划幻灯片结构的作用。

5.3　演示文稿的动画和超链接

使用 PowerPoint 的动画可以使幻灯片的播放更加生动，而采用超链接技术可以更加方便灵活地演示幻灯片。

5.3.1　动画效果

幻灯片的动画效果有两种：一种是幻灯片内的动画效果，可以用不同的动态效果来展现幻灯片中的文字、图片、表格和图表等，控制幻灯片内各对象出现的顺序，突出重点和增加演示的趣味性；另一种是各幻灯片间进行切换时的动画效果。

1. 幻灯片内的动画效果

幻灯片内的动画效果表现为对不同层次逐步演示幻灯片的内容，如先演示一级标题，然后逐级演示下层标题，显示的方式有飞入法、打字机法、空投法等。

给幻灯片内的对象添加动画效果的方法是：选定要添加动画的对象，单击"动画"→"添加动画"，在列表框中选择需要的动画效果，如图 5.12 所示。

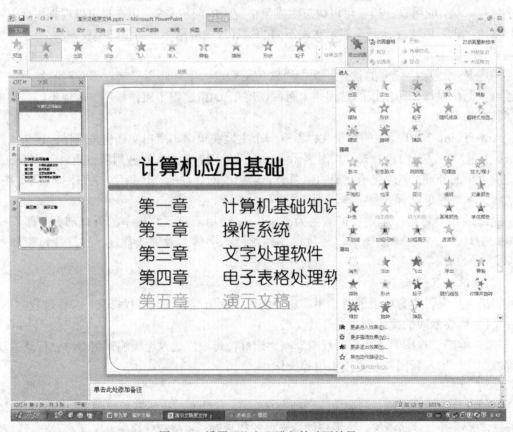

图 5.12　设置"飞入"进入的动画效果

也可以为同一对象设置不同的多个动画效果，在其左上角显示的 1、2 等标号表示设置的动画效果次数，各个动画效果的先后顺序是可以调整的。在图 5.12 中，再给选定文本添加"放大/缩小"强调效果，如图 5.13 所示。

在显示动画效果的同时还可以播放系统自带的声音，在图 5.13 中，右击预览框中的第 2 个效果，弹出效果快捷菜单，如图 5.14 所示。单击"效果选项"，弹出"放大/缩小"效果的对话框，单击"声音"下拉列表框，选择喜欢的声音，如图 5.15 所示。还可以进行动画效果的开始、速度、计时等项目的设置。

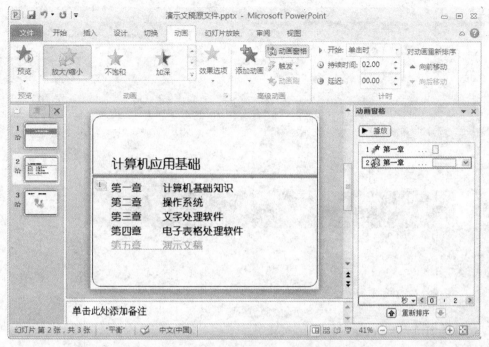

图 5.13　设置"放大/缩小"强调效果

图 5.14　动画效果的快捷菜单

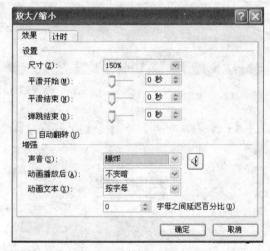

图 5.15　给"放大/缩小"效果添加声音

2. 幻灯片的切换效果

可以通过幻灯片的切换效果来设定各张幻灯片之间的切换方式。先选定需要设置切换效果的幻灯片，若有多张幻灯片采用相同的切换效果，则按 Shift 键的同时再单击所需要的幻灯片；单击"切换"，选择幻灯片切换方式，单击"效果选项"→"计时"，选择幻灯片切换效果，如图 5.16 和图 5.17 所示。

在"声音"下拉列表框中可以选择切换时的声音效果；"持续时间"可以设置切换的速度；在"换片方式"区域中可以选择"单击鼠标时"（系统默认方式）或"设置自动换片时间"；单击"全部应用"按钮会将设定的切换效果作用于所有的幻灯片。

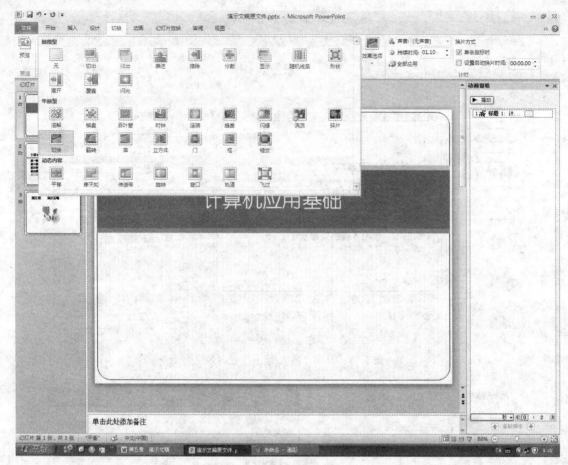

图 5.16　设置幻灯片切换方式

图 5.17　设置幻灯片切换效果

5.3.2　超链接

　　在演示文稿中添加超链接，可以在放映当前幻灯片时跳转到其他幻灯片、其他演示文稿、Word 文档、Excel 工作簿、电子邮件或 Internet 上的网址等。文稿中的对象创建超链接后，当鼠标指到该对象上时将出现超链接的标志（鼠标变成小手状）。对于文字对象来说，创建超链接之后会自动加下划线和字体变色。单击该对象则激活超链接，跳转到创建链接的对象。当然也可以随时编辑和删除已创建起来的链接。

　　1．创建超链接

　　（1）链接到同一演示文稿中的幻灯片。

操作步骤如下：

1）在普通视图中选中要链接的文本。

2）单击"插入"→"链接"→"超链接"，弹出"插入超链接"对话框。

3）在其中选择"本文档中的位置"，如图 5.18 所示。

4）单击"确定"按钮。

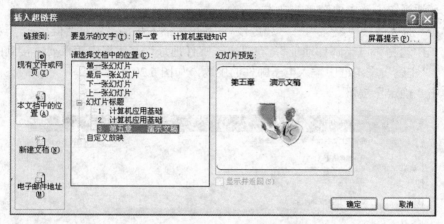

图 5.18　链接到"本文档中的位置"

（2）链接到不同演示文稿中的幻灯片。

操作步骤如下：

1）在普通视图中选中要链接的文本。

2）单击"插入"→"链接"→"超链接"，弹出"插入超链接"对话框。

3）在其中选择"现有文件或网页"，在右侧列表框中选择幻灯片标题，如图 5.19 所示。

4）单击"确定"按钮。

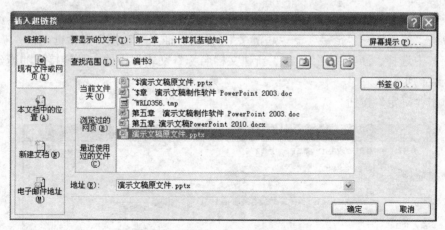

图 5.19　链接到"现有文件或网页"

（3）链接到 Web 上的页面或文件。

操作步骤如下：

1）在普通视图中选中要链接的文本。

2）单击"插入"→"链接"→"超链接"，弹出"插入超链接"对话框。

3）在其中选择"现有文件或网页"，在"查找范围"右侧单击"浏览 Web"按钮，如图5.19 所示。

4）在弹出的网页浏览对话框中找到并选择要链接到的页面或文件，单击"确定"按钮。

（4）链接到电子邮件地址。

操作步骤如下：

1）在普通视图中选中要链接的文本。

2）单击"插入"→"链接"→"超链接"，弹出"插入超链接"对话框。

3）在其中选择"电子邮件地址"，在"电子邮件地址"文本框中输入要链接到的电子邮件地址，在"主题"文本框中输入电子邮件的主题，如图 5.20 所示。

4）单击"确定"按钮。

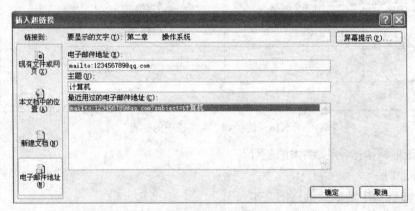

图 5.20　链接到"电子邮件地址"

（5）链接到新文件。

操作步骤如下：

1）在普通视图中选中要链接的文本。

2）单击"插入"→"链接"→"超链接"，弹出"插入超链接"对话框。

3）在其中选择"新建文档"，在"新建文档名称"文本框中输入要链接到的新建文件名称，如图 5.21 所示。

4）单击"确定"按钮。

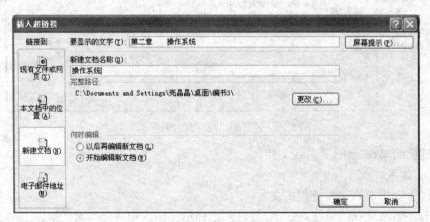

图 5.21　链接到"新建文档"

（6）动作按钮的使用。

在 PowerPoint 2010 中，可以用文本或对象创建超链接，也可以用动作按钮创建超链接，操作步骤如下：

1）选择幻灯片。

2）单击"插入"→"插图"→"形状"，在弹出的下拉列表中选择"动作按钮"区域中的"动作按钮：后退或前一项"图标，如图 5.22 所示。

3）选中"动作按钮"并右击，选择"编辑超链接"选项，弹出"动作设置"对话框。选择"单击鼠标"选项卡，在"单击鼠标时的动作"区域中选中"超链接到"单选按钮，并在其下拉列表框中选择"上一张幻灯片"选项，如图 5.23 所示。

4）单击"确定"按钮。

图 5.22 动作按钮

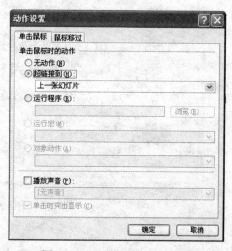

图 5.23 "动作设置"对话框

2. 编辑和删除超链接

编辑超链接有两种方法：选定已有链接对象并右击，在弹出的快捷菜单中选择"编辑超链接"或"动作设置"，弹出如图 5.24 所示的对话框，即可对原有的链接进行修改，单击"确定"按钮。

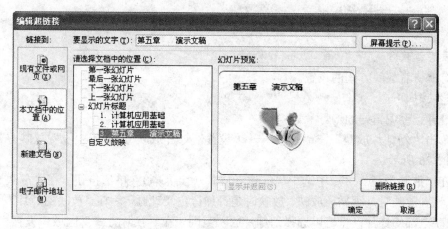

图 5.24 "编辑超链接"对话框

　　删除超链接有三种方法：单击图 5.23 中的"无动作"单选按钮；单击图 5.24 中的"删除链接"按钮；单击图 5.25 右键快捷菜单中的"取消超链接"选项。

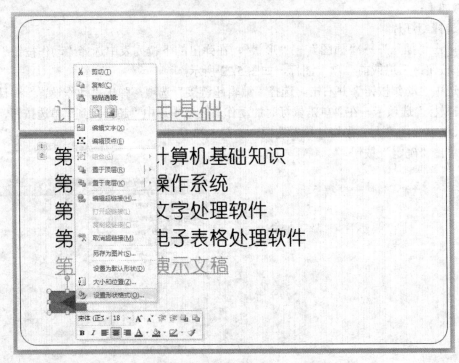

图 5.25　已有超链接对象的快捷菜单

5.4　演示文稿的放映和打印

　　演示文稿创建后，用户可以用不同的方式放映演示文稿，还可以选择不同的打印格式打印演示文稿。

5.4.1　放映演示文稿

1. 设置放映方式

　　（1）演讲者放映方式的设置。

操作步骤如下：

　　1）打开已经编辑好的幻灯片。

　　2）单击"幻灯片放映"→"设置"→"设置幻灯片放映"，弹出"设置放映方式"对话框，如图 5.26 所示。

　　3）在"放映类型"区域中选中"演讲者放映（全屏幕）"单选按钮。在"放映选项"区域中可以设置放映时是否循环放映、放映时是否加旁白及动画等。在"放映幻灯片"区域中可以选择放映全部幻灯片，也可以选择幻灯片放映范围。在"换片方式"区域中设置换片方式，可以选择手动或者根据排练时间进行换片。

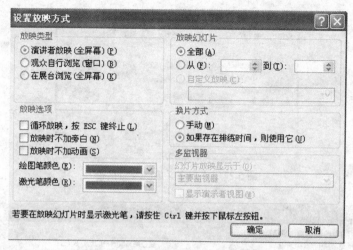

图 5.26　"设置放映方式"对话框

（2）观众自行浏览方式的设置。

操作步骤如下：

1）打开已经编辑好的幻灯片。

2）单击"幻灯片放映"→"设置"→"设置幻灯片放映"，弹出"设置放映方式"对话框。

3）在"放映类型"区域中选中"观众自行浏览（窗口）"单选按钮。在"放映幻灯片"区域中选择要播放的幻灯片范围。

4）单击"确定"按钮。

（3）在展台浏览方式的设置。

操作步骤如下：

1）打开已经编辑好的幻灯片。

2）单击"幻灯片放映"→"设置"→"设置幻灯片放映"，弹出"设置放映方式"对话框。

3）在"放映类型"区域中选中"在展台浏览（全屏幕）"单选按钮。在"放映幻灯片"区域中选择要播放的幻灯片范围。

4）单击"确定"按钮。

2．设置自定义放映

自定义放映是指在一个演示文稿中设置多个独立的放映演示分支，这样使一个演示文稿可以用超链接分别指向演示文稿中的每一个自定义放映。操作步骤如下：

（1）选中要放映的幻灯片。

（2）单击"幻灯片放映"→"开始放映幻灯片"→"自定义幻灯片放映"→"自定义放映"，弹出"自定义放映"对话框，如图 5.27 所示。

（3）单击"新建"按钮，弹出"定义自定义放映"对话框，如图 5.28 所示。

（4）在"在演示文稿中的幻灯片"列表框中选择需要放映的幻灯片。

（5）单击"添加"按钮，再单击"确定"按钮。

（6）单击"关闭"按钮。

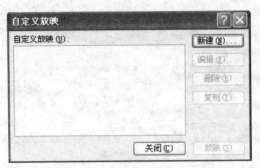

图 5.27　"自定义放映"对话框

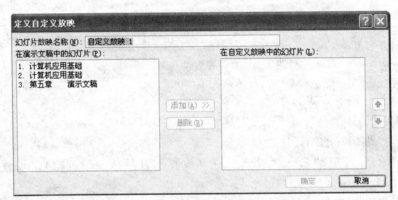

图 5.28　"定义自定义放映"对话框

3. 设置排练计时

操作步骤如下：

（1）单击演示文稿中的一张幻灯片缩略图。

（2）单击"幻灯片放映"→"设置"→"排练计时"切换到全屏放映模式，弹出"录制"对话框，如图 5.29 所示。同时记录幻灯片的放映时间，供以后自动放映。

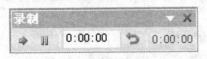

图 5.29　"录制"对话框

4. 记录声音旁白

音频旁白可以增强幻灯片放映的效果。如果计划使用演示文稿创建视频，则要使视频更生动些，使用记录声音旁白是一种非常好的方法。此外，还可以在幻灯片放映期间将旁白和激光笔的使用一起录制。

操作步骤如下：

（1）单击"幻灯片放映"→"设置"→"录制幻灯片演示"右侧的下三角按钮，弹出下拉菜单，如图 5.30 所示。

（2）选择"从头开始录制"或"从当前幻灯片开始录制"，弹出"录制幻灯片演示"对话框，如图 5.31 所示。

（3）选中"旁白和激光笔"复选框，并根据需要决定是否选中"幻灯片和动画计时"复选框。

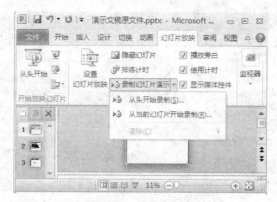

图 5.30　选择录制方式

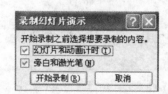

图 5.31　"录制幻灯片演示"对话框

（4）单击"开始录制"按钮，幻灯片开始放映并自动开始计时。

（5）如果要结束幻灯片放映的录制，则右击幻灯片并选择"结束放映"选项。

5. 打包演示

如果要将幻灯片在另外一台计算机上放映，可以使用打包向导。打包向导可以将演示文稿所需要的文件和字体打包到一起。

操作步骤如下：

（1）在普通视图下打开幻灯片文件。单击"文件"→"保存并发送"→"将演示文稿打包成 CD"，弹出"打包成 CD"对话框，如图 5.32 所示。

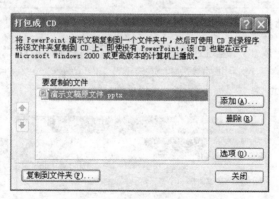

图 5.32　"打包成 CD"对话框

（2）选择"要复制的文件"列表框中的选项，单击"添加"按钮，在弹出的"添加文件"对话框中选择要添加的文件，如图 5.33 所示。

（3）单击"添加"按钮，返回到"打包成 CD"对话框。

（4）单击"选项"按钮，在弹出的"选项"对话框中设置要打包文件的安全等选项，如图 5.34 所示。

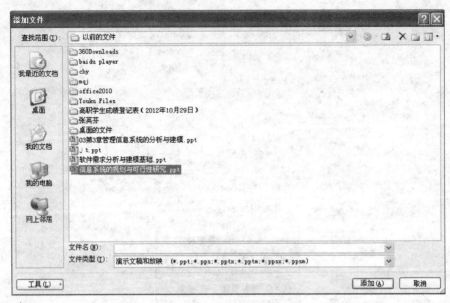

图 5.33　选择要添加的文件

（5）单击"确定"按钮，在弹出的"确认密码"对话框中输入两次确认密码，如图 5.35 所示。

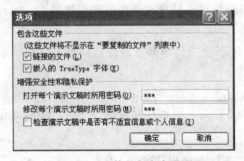

图 5.34　文件打包安全设置

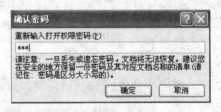

图 5.35　"确认密码"对话框

（6）单击"确定"按钮，返回到"打包成 CD"对话框。单击"复制到文件夹"按钮，在弹出的"复制到文件夹"对话框的"文件夹名称"和"位置"文本框中分别设置文件夹名称和保存位置，如图 5.36 所示。

图 5.36　设置文件夹名称和保存位置

（7）单击"确定"按钮，弹出 Microsoft PowerPoint 提示对话框，单击"是"按钮，系统将自动复制文件到文件夹，如图 5.37 所示。复制完成后，系统自动打开生成的 CD 文件夹。如果所用的计算机上没有安装 PowerPoint，操作系统将自动运行 autorun.inf 文件并播放幻灯片文件。

图 5.37　系统自动复制文件到文件夹

5.4.2　打印演示文稿

1. 页面设置

在打印之前，用户一般要对欲打印的幻灯片进行页面设置。

操作步骤如下：

（1）单击"文件"→"打印"，打开打印设置界面，如图 5.38 所示。

（2）设置完成后，单击"确定"按钮。

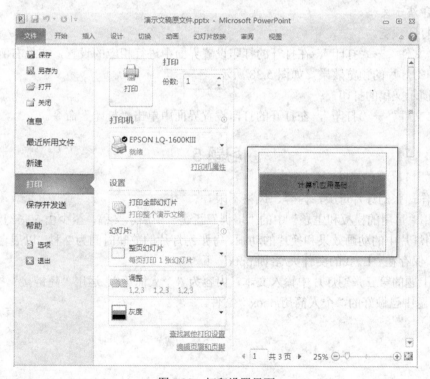

图 5.38　打印设置界面

2. 页眉与页脚的设置

幻灯片页眉和页脚的添加，操作步骤如下：

（1）单击"文件"→"打印"，在打印设置界面中单击"编辑页眉和页脚"命令，弹出"页眉和页脚"对话框，如图 5.39 所示。

（2）单击"幻灯片"选项卡，选中"幻灯片编号"和"页脚"复选框，在下面的文本框中输入需要在页脚中显示的内容，如"下一页"；单击"备注和讲义"选项卡，选中所有复选框，在"页眉"和"页脚"文本框中输入要显示的内容。

（3）单击"全部应用"按钮，则在视图中可以看到每张幻灯片的页脚处都有"下一页"的文字和幻灯片编号。

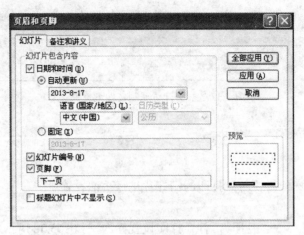

图 5.39 "页眉和页脚"对话框

3. 打印演示文稿

（1）打印预览。

单击"文件"→"打印"，在打开的打印设置界面中进行相应的设置，在最右侧的窗格中显示了打印幻灯片的预览效果，如图 5.38 所示。

（2）演示文稿的打印。

单击"文件"→"打印"，在打开的打印设置界面中单击"打印"命令。

习题 5

1．制作一张幻灯片母版，内容、风格不限。

2．运用"可用的模板和主题"中的"培训"新建一个演示文稿，至少由 5 张幻灯片组成，设计每张幻灯片中的动画效果和换片的动画，每张幻灯片的放映时间为 2 秒，以展台放映方式循环放映。保存在"E:/我的文件夹/培训.pptx"下。

3．在上题的第三张幻灯片中输入文本，内容为"个人简历"，运用"超链接"打开在第 3 章 Word 习题中已做好的"个人简历.docx"文件。

第6章 计算机网络基础

计算机网络在改变着人们的生活和工作方式，人们足不出户便可以了解全球发生的重大事件，用快捷、方便的方法与世界各地的朋友进行联络。网络的出现，使世界变得越来越小，生活节奏越来越快。它的产生扩大了计算机的应用范围，为信息化社会的发展奠定了技术基础。

计算机网络就是由分布在不同地理区域、具有独立功能的多台计算机，利用通信设备和传输介质互相连接，在网络软件的支持下彼此之间实现数据通信和资源共享的系统。

6.1 计算机网络概述

6.1.1 计算机网络的发展

计算机网络源于计算机与通信技术的结合，其发展历史按年代划分经历了以下几个时期：

（1）20 世纪 50～60 年代，出现了以批处理为运行特征的主机系统和远程终端之间的数据通信。

（2）20 世纪 60～70 年代，出现分时系统。主机运行分时操作系统，主机和主机之间、主机和远程终端之间通过前置处理机通信。

（3）20 世纪 70～80 年代是计算机网络发展最快的阶段，网络开始进入商品化和实用化，通信技术和计算机技术互相促进，结合更加紧密。

（4）进入 20 世纪 90 年代后，局域网成为计算机网络结构的基本单元，网络间互连的要求越来越强烈，真正达到资源共享、数据通信和分布处理的目标。

计算机网络的发展过程是从简单到复杂，从单机到多机，从终端与计算机之间的通信发展到计算机与计算机之间的直接通信的演变过程。其发展经历了具有通信功能的批处理系统、具有通信功能的多机系统和计算机网络系统三个阶段。

6.1.2 计算机网络的组成

计算机网络由计算机系统、通信链路和网络节点组成。从逻辑功能上可以把计算机网络分成资源子网和通信子网两个子网。简单地说计算机网络系统是由网络硬件和网络软件两部分组成的。在网络系统中，硬件对网络的性能起着决定的作用，是网络运行的实体，而网络软件是支持网络运行、提高效益和开发网络资源的工具。

1. 网络硬件

（1）服务器。

服务器是具有较强的计算机功能和存储丰富信息资源的高档次计算机，它向网络客户提供服务，并负责网络资源的管理，是网络系统的重要组成部分。常用的网络服务器有文件服务器、通信服务器、计算服务器和打印服务器等。

（2）网络工作站。

网络工作站是通过网络接口卡连接到网络上的个人计算机，它保持原有计算机的功能，作为独立的个人计算机为用户服务，同时又可以按照被授予的一定权限访问服务器。各工作站之间可以相互通信，也可以共享网络资源。

（3）网络接口卡。

网络接口卡简称网卡，又称为网络接口适配器，是计算机与通信介质的接口，是构成网络的基本部件。每一台网络服务器和工作站至少配有一块网卡，通过通信介质将它们连接到网络上。网卡分为有线网卡、无线网卡和无线上网卡三种。

无线网卡采用无线信号进行连接，是利用无线来上网的一个装置，作为无线局域网的接口，实现与无线局域网的连接。而无线局域网则需要无线交换机，即无线 AP（Access Point）或无线路由，它是移动终端用户进入有线网络的接入点，主要用于家庭宽带、企业内部网络部署等，无线覆盖距离为几十米至上百米。

无线网卡根据接口类型的不同主要分为三种类型，即 PCMCIA 无线网卡、PCI 无线网卡和 USB 无线网卡。PCMCIA 无线网卡仅适用于笔记本电脑，支持热插拔，可以非常方便地实现移动无线接入。PCI 无线网卡适用于普通的台式计算机，其实 PCI 网卡只是在 PCI 转接卡上插入一块普通的 PCMCIA 卡。USB 网卡适用于笔记本和台式机，支持热插拔，如果网卡外置有无线天线，则 USB 接口是一个比较好的选择。

无线上网卡的作用、功能相当于有线的调制解调器，它可以在拥有无线电话信号覆盖的任何地方利用手机的 SIM 卡和 USIM 卡来连接到互联网上。常见的接口类型有 PCMCIA、USB、CF/SD 等。

无线上网卡主要分为 GPRS、CDMA 和 3G 三种。GPRS 全称是 General Packet Radio Service，中文意思为"通用分组无线服务"，它是利用"包交换"原理发展出的一种无线传输方式。笔记本电脑用户只要买一个 GPRS 卡，就可以直接与互联网相连。CDMA 可以插入笔记本电脑实现无线 Internet 接入。目前中国电信提供这种服务。3G 是目前无线通信网络应用广泛的上网介质。随着通信网络的不断发展，3G 无线上网卡会逐步普及。

目前，我国有中国移动的 TD-SCDMA、中国电信的 CDMA 2000 和 CDMA 1X、中国联通的 WCDMA 三种网络制式。使用 3G 网络上网的速度较前两种无线接入方式更快，但是费用也较高。

（4）传输介质。

传输介质是在计算机之间传输数据信号的重要媒介，它提供了数据信号传输的物理通道。传输介质按其特征可分为有线传输介质和无线传输介质两大类，有线介质包括双绞线、同轴电缆、光缆等，无线介质包括无线电、微波、卫星通信等。它们具有不同的传输速率和传输距离，分别支持不同的网络类型。

（5）集线器。

集线器也称为 Hub，是一种多口的中继器，这可以把多台计算机连接起来，并对所传送的信号进行能量补充和整形。用集线器连接的所有计算机仍然共享介质的带宽，任一时刻只有一台计算机发送信息。

（6）中继器。

由于任何一种介质的有效传输距离都是有限的，电信号在介质中传输一段距离后会自然衰减并且附加一些噪声。中继器的作用就是为了放大电信号，提供电流以驱动长距离电缆，增加信号的有效传输距离。本质上看它是一个放大器，承担信号的放大和传送任务。

（7）交换机。

交换机除了能够连接同种类型的网络之外，还可以在不同类型的网络之间起到互连作用，可以使每个用户尽可能地分享到最大带宽，主要功能包括物理编址、错误校验、帧序列及流控制等。目前有些交换机还具有对虚拟局域网的支持、对链路汇聚的支持，甚至有的还具有防火墙的功能。

从应用领域可分为局域网交换机和广域网交换机；从应用规模可分为企业级交换机、部门级交换机和工作组级交换机。

（8）网关。

网关也称为协议转换器，主要用于连接不同结构体系的网络或用于局域网与主机之间的连接，网关工作在 OSI 模型的传输层和更高层。它没有通用产品，必须是具体的某两种网络互联的网关。

（9）网段。

网段为某一特定用途的一部分网络，如工作组，可以让较小类型的信息通过网络，也可以作为防止无访问权限的人员获取网络中信息的一种安全防护措施。简单地说，网段就是从一个 IP 地址到另一个 IP 地址，如从 172.16.0.1 到 172.16.255.255 就是一个网段。

（10）网桥。

网桥是网络中的一种重要设备，它通过连接相互独立的网段从而扩大网络的最大传输距离。网桥是一种工作在数据链路层的存储转发设备。它实现数据包从一个网段到另一个网段的选择性发送，即只让需要通过的数据包通过而将不必通过的数据包过滤掉来平衡各网段之间的负载，从而实现网络间数据传输的稳定和高效。

（11）路由器。

路由器（Router）的作用是路由选择。广域网的通信过程与邮局中信件的传递过程类似，都是根据地址来寻找到达目的地的路径，路由器就负责不同广域网中各局域网之间的地址查找（建立路由），信息包翻译和交换，实现计算机网络设备与电信设备的电气连接和信息传送。因此路由器必须具有广域网和局域网两种网络通信接口。

（12）防火墙。

防火墙是一种由软件和硬件构成的系统，是设置在不同网络之间用来加强网络之间的访问控制，防止外部网络用户以非法手段通过外部网络进入内部网络访问内部网络资源，保护内部网络操作环境的特殊网络互连设备。它有"允许"和"阻止"两个功能。"允许"就是允许某种类型的通信量通过防火墙，而"阻止"的功能恰好相反。

2. 网络软件

（1）网络操作系统。

网络操作系统是运行在网络硬件基础之上的，为网络用户提供共享资源管理服务、基本通信服务、网络系统安全服务及其他网络服务的软件系统。网络操作系统是网络的核心，其他应用软件系统需要网络操作系统的支持才能运行。

（2）网络协议软件。

连入网络的计算机依靠网络协议实现互相通信，而网络协议是靠具体的网络协议软件的运行支持才能工作。凡是连入计算机网络的服务器和工作站上都运行着相应的网络协议软件。如局域网中常用的 TCP/IP 协议、NETBEUI 协议和 IPX/SPX 协议。

6.1.3　计算机网络的功能

计算机网络的应用领域十分广泛，主要有以下几种功能：

（1）资源共享。

建立计算机网络的主要目的是实现"资源共享"，资源共享除了共享数据信息资源外，还可利用计算机网络共享主机设备，如中型机、小型机、工作站等；也可以共享较高级和昂贵的外部设备，如激光打印机、绘图仪、扫描仪等。这样可以避免软件和硬件的重复购置，可以促进人们的相互交流，达到充分利用信息资源的目的。

（2）数据通信。

数据通信是计算机网络的基本功能之一，用于实现计算机之间的信息传送。可以传递文字、图像、声音、视频等信息。例如通过网络上的文件服务器交换信息和报文、收发电子邮件、电子商务、电子政务、IP 电话、视频会议等。

（3）分布式数据处理。

在获得数据和需要进行数据处理的地方设置计算机，把数据处理的功能分散到各台计算机上，利用网络环境来实现分布处理和建立性能优良、可靠性高的分布式数据库系统。

6.1.4　网络协议与体系结构

1. 网络协议的概念

网络协议是指一组计算机之间交流时彼此应遵守的技术上的约定。现在使用的协议是由一些国际组织制定的，生产厂商按照协议开发产品，把协议转化成相应的硬件或软件，网络用户根据协议选择适当的产品组建自己的网络。

2. 网络体系结构

计算机网络协议是按照层次结构模型来组织的，我们将网络层次结构模型与计算机网络各层协议的集合称为网络的体系结构。1977 年，国际标准化组织提出了开放系统互连参考模型（Open System Interconnection，OSI）的概念，于 1984 年 10 月正式发布了整套 OSI 国际标准。

（1）OSI 参考模型。

OSI 参考模型采用分层的描述方法将整个网络的功能划分为 7 个层次，由低层到高层分别为物理层、数据链路层、网络层、传输层、会话层、表示层和应用层，如图 6.1 所示。

第 7 层	应用层	Message（数据报文）
第 6 层	表示层	Message（数据报文）
第 5 层	会话层	Message（数据报文）
第 4 层	传输层	Message（数据报文）
第 3 层	网络层	Packet（分组）
第 2 层	数据链路层	Frame（帧）
第 1 层	物理层	Bits（二进制流）
	传输介质	信息交换单位

图 6.1　OSI 参考模型

在 OSI 参考模型中，每层完成一个明确定义的功能并按协议相互通信。低层向上层提供所需的服务，在完成本层协议时使用下层提供的服务。各层的服务是相互独立的，层间的相互通信通过层接口实现，只要保证层接口不变，则任何一层实现技术的变更均不影响其余各层。

OSI 参考模型采用七层的体系结构，主要目的是试图达到一种理想的境界，即全世界的计算机网络都遵循这个统一的标准，从而使计算机能够很方便地进行互连和交换数据。然而，这种模型是抽象的，结构既复杂又不实用，因此现在世界规模最大的计算机网络因特网并未使用 OSI 标准，而在因特网上得到广泛应用的网络体系结构是 TCP/IP 体系结构。

（2）Internet 参考模型。

1974 年 Vinton Cert 和 Robert Kahn 开发了 Internet 采用的 TCP/IP 协议。人们普遍希望网络标准化，但由于 OSI 标准推出的延迟，妨碍了第三方厂家开发相应的硬件和软件，随着 Internet 的飞速发展，TCP/IP 也因此成为事实上的网络标准，是目前应用最广泛的一个协议。

（3）OSI 参考模型与 TCP/IP 参考模型的比较。

如图 6.2 所示，TCP/IP 中没有数据链路层和物理层，只有网络与数据链路层的接口，可以使用各种现有的链路层、物理层协议，目前用户连接 Internet 最常用的数据链路层协议是 SLIP（Serial Line Internet Protocol）和 PPP（Point to Point Protocol），TCP/IP 中的网际层对应于 OSI 模型的网络层，包括 IP（网际协议）、ICMP（网际控制报文协议）、IGMP（网际组报文协议）和 ARP（地址解析协议），这些协议处理信息的路由及主机地址解析；传输层对应于 OSI 模型的传输层，包括 TCP/IP（传输控制协议）和 UDP（用户数据报协议），这些协议负责提供流控制、错误校验和排序服务，完成源到目标间的传输任务；应用层对应于 OSI 模型的应用层、表示层和会话层，它包括了所有的高层协议，并且不断有新的协议加入。应用层协议主要有以下几种：

- 文件传输协议 FTP，用于实现互联网中交互式文件传输功能。
- 电子邮件协议 SMTP，用于实现互联网中电子邮件传送功能。
- 网络终端协议 Telnet，用于实现互联网中远程登录功能。
- 网络文件系统 NFS，用于网络中不同主机间的文件共享。
- 简单网络管理协议 SNMP，用来收集和交换网络管理信息。
- 路由信息协议 RIP，用于实现网络设备之间交换路由信息。
- 域名服务 DNS，用于网络设备名字到 IP 地址映射的网络服务。
- 超文本传输协议 HTTP，用来传递制作的万维网（WWW）网页文件。

OSI 模型		TCP/IP 模型
应用层		
表示层		应用层
会话层		
传输层		传输层
网络层		网络层
数据链路层		网络接口层
物理层		

图 6.2　TCP/IP 与 OSI 参考模型的对比

OSI 参考模型与 TCP/IP 参考模型的共同之处是它们都采用了层次结构的概念，但二者在层次划分上与使用的协议是有很大区别的。OSI 参考模型概念清晰，但结构复杂，实现起来比较困难，特别适合用来解释其他的网络体系结构。TCP/IP 参考模型在服务、接口上与协议的区别尚不清楚，这就不能把功能与实现方法有效地分开，增加了 TCP/IP 利用新技术的难度，但经过 30 多年的发展，TCP/IP 赢得了大量用户和投资，伴随着 Internet 的发展成为了目前公认的最基本的网络标准。

3．TCP 协议

TCP（Transmission Control Protocol）是传输控制协议，用来规定一种可靠的数据信息传递服务。它位于传输层，向应用层提供面向连接的服务，确保网上所发送的数据报可以完整地接收，一旦数据报丢失或破坏，则由 TCP 负责将丢失或破坏的数据报重新传输一次，实现数据的可靠传输。

4．IP 协议

IP（Internet Protocol）协议又称为网际互联协议，位于网际层，主要将不同格式的物理地址转换为统一的 IP 地址，将不同格式的帧转换为"IP 数据表"，向传输层提供 IP 数据报，实现无连接数据报传送；IP 协议的另一个功能是数据报的路由选择，即在网上从一个端点到另一个端点的传输路径的选择，将数据从一地传输到另一地。

6.2 计算机网络的类型

计算机网络有各种类型，分别用于不同的用途。但它们具有某些共同的特征，以支持用户的需求。

从不同的角度出发，对计算机网络可以有多种分类方法。

6.2.1 按信息传输距离的长短划分

根据网络信息传输距离的长短，可以把网络划分为局域网、城域网和广域网。

（1）局域网（Local Area Network，LAN）。

LAN 覆盖范围较小，一般在几千米之内，最大不超过 10 千米。常用于一个办公室、一栋楼、一个单位。LAN 传送速度快，一般在 10Mbps～100Mbps。具有成本低、组网方便、易于管理等优点。如 Novell 网。

（2）城域网（Metropolitan Area Network，MAN）。

MAN 覆盖范围介于 LAN 和 WAN 之间，一般为几千米到几十千米之间，主要用来在同一城市内的若干大单位之间提供通信。

（3）广域网（Wide Area Network，WAN）。

WAN 覆盖范围很广，通常为几十到几千千米，主要用来在城市之间、国家之间传送数据。WAN 常用电话线路、专线、微波、光纤和卫星等信道进行通信。例如 NCFC（中国科学院互联网）、CERNET（中国教育科研网）、CHINANET（中国邮电公司）、GBNET（金桥网）。

6.2.2 按配置划分

按照服务器和工作站配置的不同，可以把网络划分成同类网、单服务器网和混合网。

（1）同类网。

如果在网络系统中，每台计算机既是服务器又是工作站，这样的网络系统就是同类网。在同类网中，每台计算机都可以共享其他任何计算机的资源。

（2）单服务器网。

如果在网络系统中只有一台计算机作为整个网络的服务器，其他计算机全部是工作站，那么这个网络系统就是单服务器网。在单服务器网中，每个工作站都通过服务器共享全网的资源，每个工作站在网络系统中的地位是一样的，而服务器在网中有时也可以作为一台工作站使用。单服务器网是一种最简单、最常用的网络。

（3）混合网。

如果在网络系统中服务器不只一个，但又不是每台工作站都可以当作服务器来使用，那么这个网就是混合网。混合网与单服务器网的差别在于网络中不只有一个服务器；混合网与同类网的差别在于每个工作站不能既是服务器又是工作站。

6.2.3　按对数据的组织方式划分

按对数据的组织方式的不同，可以将计算机网络分为分布式网络系统、集中式网络系统和分布集中式网络系统。

（1）分布式网络系统。

在分布式网络系统中，系统的资源既是互连的又是独立的。虽然系统要求对资源进行统一的管理，但系统中分布在各台独立的计算机工作站中的资源由自己独立支配，系统只通过高层次的操作系统对分布的资源进行管理。系统对用户完全是透明的。

分布式网络系统的特点是：系统独立性强，用户使用方便、灵活。但对整个网络系统来说，管理复杂，保密性、安全性差。

（2）集中式网络系统。

集中式网络系统是将网络系统中的资源进行统一管理，系统中各独立的计算机工作站独立性差，它们必须在主服务器支配下进行工作。其特点是：对信息处理集中，系统响应时间短，可靠性高，便于管理。但整个系统适应性差。

（3）分布集中式网络系统。

比较理想的网络系统，特别是局域网，通常采用分布与集中相结合的系统，即分布集中式网络系统。这种网络系统通常是根据用户的需要和具体系统的特点，采纳分布式和集中式的优点进行设计的。

6.2.4　按通信传播方式划分

按通信传播方式的不同，可以将计算机网络分为点对点传播方式网和广播式传播结构网。

（1）点对点传播方式网。

点对点传播方式网是以点对点的连接方式把各台计算机连接起来的。这种传播方式主要用于局域网中。

（2）广播式传播结构网。

广播式传播结构网是用一个共同的通信介质把各个计算机连接起来，如以同轴电缆连接起来的总线型网，以微波、卫星方式传播的广播式网，适用于广域网。

6.3　计算机网络拓扑结构

网络拓扑结构是由网络节点设备和通信介质构成的网络结构图。网络拓扑结构对网络采用的技术、网络的可靠性、网络的可维护性和网络的实施费用都有重大的影响。

在选择拓扑结构时，主要考虑的因素有：安装的相对难易程度、重新配置的难易程度、维护的相对难易程度、通信介质发生故障时受到影响的设备的情况等。

6.3.1 拓扑的概念

采用图论演变而来的拓扑的方法，抛开网络中的具体设备，把工作站、服务器等网络单元抽象为"点"，把网络中的传输介质抽象为"线"，这样从拓扑学的观点看计算机网络系统，就形成了由点和线组成的几何图形，从而抽象出网络系统的具体结构。简而言之，网络拓扑结构是指网络连线及工作站的分布形式。

6.3.2 常见的网络拓扑结构

常见的网络拓扑结构有总线结构、环型结构、星型结构、树型结构、网状结构五种。局域网中常用的拓扑结构主要是前四种。图 6.3 所示是这五种网络拓扑结构的示意图。

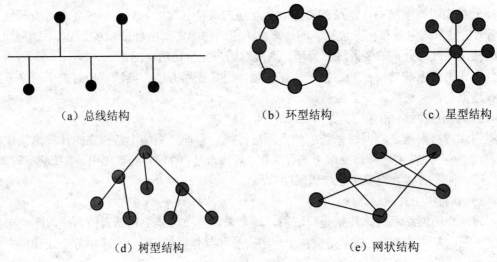

（a）总线结构　　　　　（b）环型结构　　　　　（c）星型结构

（d）树型结构　　　　　　　　（e）网状结构

图 6.3　网络拓扑结构示意图

1. 总线结构

总线结构是比较普遍采用的一种方式，它将所有的入网计算机均接入到一条通信线上，为防止信号反射，一般在总线两端连有终结器匹配线路阻抗。

总线拓扑网络常把短电缆用电缆接头连接到一条长电缆（主干）上去。总线拓扑网络通常是用 T 型 BNC 连接器将计算机直接连到同轴电缆主干上，主干两端连有终结器匹配线路阻抗。如目前用的以太网就是总线型。

2. 环型结构

环型结构是将各台连网的计算机用通信线路联结成一个闭环。

环型拓扑是一个点到点的环型结构。每台设备都直接连到环上，或通过一个接口设备和分支电缆连到环上。

3. 星型结构

星型结构是以一个节点为中心的处理系统，各种类型的入网机器均与该中心节点有物理链路直接相连，其他节点间不能直接通信，其他节点通信时需要通过该中心节点转发，因此中心节点必须具有较强的功能和较高的可靠性。

星型拓扑使用一个中心设备，每一个网络设备通过点到点的链路连到中心设备上，这个中心设备叫做集线器。

4. 树型结构

树型结构实际上是星型结构的一种变形，它将原来用单独链路直接连接的节点通过多级处理主机进行分级连接。

5. 网状结构

网状结构分为全连接网状和不完全连接网状两种形式。全连接网状中，每一个节点和网络中的其他节点均有链路连接；不完全连接网状中，两节点之间不一定有直接链路连接，它们之间的通信依靠其他节点转接。

以上介绍的是最基本的网络拓扑结构，在组建局域网时常采用星型、环型、总线型和树型结构。树型和网状结构在广域网中比较常见。但是在一个实际的网络中，可能是上述几种网络构型的混合。

6.4 Internet 基础

6.4.1 Internet 概述

1. Internet

Internet 又称因特网，是国际计算机信息资源网的英文简称，是世界上规模最大的计算机网络，可以说是网络中的网络。Internet 是由局域网、城域网、广域网组成的一个全球信息网。其概念可以简单地概括为：Internet 是由成千上万台具有特殊功能的专用计算机通过各种通信线路，把地理位置不同的网络在物理上连接起来的网络。

Internet 已成为信息时代沟通世界的工具，它具有如下特点：①覆盖范围广；②是由数以万计个子网络通过自愿的原则连接起来的网络；③每一个 Internet 网络成员都是自愿加入并承担相应的各种费用，与网上的其他成员进行信息交流和资源共享，不受任何约束，共同遵守协议的全部规定。

2. 计算机的网络标识

计算机网络最大的优点是资源共享，既包括硬件资源的共享，又包括软件资源和数据资源的共享。要想共享网络中某台计算机上的资源，必须首先访问到这台计算机，每台计算机在网络中都有唯一的计算机名称、IP 地址等，这些就是计算机在网络中的标识。

（1）IP 地址。

IP 地址是 Internet 上的通信地址，是计算机、服务器、路由器的端口地址，每一个 IP 地址在全球是唯一的，是运行 TCP/IP 协议的唯一标识。每台计算机每次与 TCP/IP 网络建立连接时，IP 协议规定都要分配一个唯一的 IP 地址。

目前大多数 IP 地址采用 4 个字节（32 位二进制数字）来表示，在读写 IP 地址时，每个字节对应转换成一个小于 256 的十进制数，字节之间用英文半角的句点 "." 分隔，如172.16.50.88。

由于 IP 地址是数字型的，难以记忆，从 1985 年起，在 IP 地址的基础上开始向用户提供用字符来识别网络上的计算机，即域名系统服务（Domain Name System，DNS），它是一个分层的名字管理查询系统。当用户发出请求时，域名服务系统 DNS 能够将用户的域名翻译成 IP 地址，或将 IP 地址翻译成域名，并保证 IP 地址与域名是一一对应的网络服务。为了避免重复，域名采用分层结构，通用的结构如下：

第四级域名.第三级域名.第二级域名.第一级域名

其中，第一级域名（最高域名）往往表示计算机所属的国家、地区或网络性质的代码；第二级域名代表部门系统或隶属一级区域的下级机构；第三、四级域名是本系统、单位或所用的软硬件平台的名称。在中国，第一级域名为 cn，各省采用其拼音缩写，如 bj 代表北京、sh 代表上海。例如 btqy.com.cn，其中 btqy 表示包头轻工学院，com 表示商业，cn 表示中国。

由于 Internet 主要是在美国发展壮大的，所以美国的计算机其第一级域名一般直接说明其计算机性质，而不是国家代码。如果用户看到某台计算机的第一级域名为 com、edu、gov 等，一般可以判断这台计算机位于美国。其他国家第一级域名一般是其国家代码，具体示例如表6.1 所示。

表 6.1　域名分类

国际一级域名				中国二级域名	
大型机构最高域名		国际/地区最高域名			
域名	含义	域名	含义	域名	含义
com	商业组织	cn	中国	ac	科研网
edu	教育机构	de	德国	com	商业
int	国际性组织	fr	法国	edu	教育
mil	军队	hk	香港	mil	军队
gov	政府部门	jp	日本	gov	政府
net	网络技术组织	sg	新加坡	net	电信网
org	非盈利性组织	tw	中国台湾	org	团体
		uk	英国		

（2）计算机名称。

在网络中，用户可以通过 IP 地址和计算机名称两种方式找到其他的计算机，因此，在同一个局域网中的计算机名称必须是唯一的，在计算机接入网络后，用户可以按照 Windows 提供的网络安装向导设置联网方式和计算机网络标识。

3. Internet 常用的服务

Internet 上的信息资源非常丰富，信息服务的种类或功能也是多种多样的。

（1）万维网（World Wide Web，WWW）：是一个从 Internet 上查询各种信息和向 Internet 上发布各种信息的技术。需要使用 Internet Explorer（IE）和 Netscape 等网上浏览软件。

（2）电子邮件（E-mail）：是在 Internet 上传递的信件。要想收发电子邮件，有两种方法可以实现此功能，即直接使用免费邮箱或使用 E-mail 专用软件（如 Outlook Express、Foxmail 等）。电子邮件地址格式为：用户名@域名，例如 ddzh922@yahoo.com.cn。

（3）文件传输服务（FTP）：FTP 俗称文件搬运工，使用它可以在自己的微机与所连接的服务器之间传递文件。

（4）远程登录（Telnet）：在 Internet 中，用户可以通过远程登录使自己成为远程计算机的终端，然后在它上面运行程序，或使用它的软件和硬件资源。

（5）电子公告牌服务（BBS）：BBS 也是一项受广大用户欢迎的服务项目，用户可以在 BBS 上留言、发表文章、阅读文章等。

（6）网络新闻（USENET）：网络新闻又称电子新闻或新闻组。

6.4.2　Internet 使用

1．用 IE 浏览网页

浏览器是用于搜索、查看和管理网络上的信息的一种带图形交互式界面的应用软件。目前浏览器软件有很多，但是 Microsoft 公司从 Windows 95 开始将自己的浏览器 IE（Internet Explorer）"捆绑"到 Windows 中后，其他的浏览软件用得就很少了。Windows 7 操作系统中的浏览器版本为 IE9。

双击桌面上的 IE 图标或单击任务栏上快捷启动里的 IE 图标或单击"开始"→"所有程序"→Internet Explorer，均可启动 IE 浏览器，窗口如图 6.4 所示。

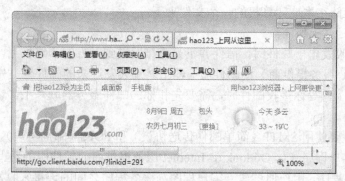

图 6.4　IE 浏览器窗口

在刚打开的 IE 窗口中，可以是默认的空白网页，也可以是利用 Internet 属性自己设置的主页。在地址栏中输入不同的网址（IP 地址或域名），可以切换不同的网站。有一种办法可以快速输入网址，用户只需在地址栏中输入网站名称，再按 Ctrl+Enter 组合键，IE 便能自动将 http:// 与 www. 前缀和 .com 与 .cn 等后缀添加到地址栏中，如用户在地址栏中输入 google，再按 Ctrl+Enter 组合键，IE 便自动打开 http:// www. google.com/（谷歌主页）。

在上面的网址中，http 代表超文本传输协议（Hypertext Transfer Protocol），它定义了访问网页使用的协议，:// 是分隔符，www. google.com 是 google Web 服务器的域名。

使用 IE 时，常会遇到如下三种操作：

（1）链接。

在 Web 页面上移动鼠标，会发现鼠标在某些位置会变成手形，此时单击左键，便可打开另一个网页。在很多网页中，一屏无法完全显示，我们可以拖动滚动条上下翻滚窗口。

（2）同时打开多个窗口。

在浏览网页的过程中，有时需要将几个页面内容对照着来阅读。可以将鼠标移到想要进入的链接处右击，选择"在新窗口中打开"，或者按下 Shift 键并单击左键可以使超链接指向的网页在新的窗口中打开。

另外，选择"文件"→"新建窗口"命令（或按 Ctrl+N 组合键）可以打开多个当前网页的窗口。

（3）保存（下载）页面与图片。

页面被显示在浏览器中时，页面对应的 HTML 文档和图片文件已被从远程计算机上传送到本地计算机上并存储在 Windows 文件夹下的 Temporary Internet Files 文件夹中，但这个文件夹是一个临时缓冲区，其容量是有限的，当新的页面被下载时，如果缓冲区已满，新的文档会把以前的文档冲掉。

选择"文件"→"另存为"命令，可以将当前页面的 HTML 源程序永久存储在本地计算机的其他文件夹下。页面的 HTML 文档被保存到本地计算机上以后，只要在浏览器的地址栏中输入所保存的 HTML 文档的本地路径，所存储的页面就会显示出来，但用户会发现这时页面中的图片没能显示出来，这是因为 Web 页面中 HTML 文档与图片文件是分开存储的，选择"另存为"只保存了 HTML 文档，没有保存图像文件。要下载完整的页面，还要进行图片下载。

网页中包含的图片一般是 JPG 格式或 GIF 格式的。因为以这两种格式存储的图片比较适合网络传输。将鼠标移到一幅图片上并右击，在弹出的快捷菜单中选择"图片另存为"选项，即可把图片永久存储在本地计算机的一个文件夹下。

2．接收和发送电子邮件

在 Internet 上收发电子邮件时，信件并不是直接发送到对方的计算机上，而是先发送到相应的 ISP（Internet 服务提供商）的邮件服务器上。别人发过来的邮件也是先发送到你所在的 ISP 的邮件服务器上，等你接收邮件时，需要先和你的邮件服务器联系上，然后服务器再把信件传送到计算机上。

收发电子邮件要使用 SMTP（简单邮件传送协议）和 POP3（邮局协议）。用户的计算机上运行电子邮件的客户程序（如 Outlook），Internet 服务提供商的邮件服务器上运行 SMTP 服务程序和 POP3 服务程序，用户通过建立客户程序与服务程序之间的连接来收发电子邮件。用户通过 SMTP 服务器发送电子邮件，通过 POP3 服务器接收邮件，整个工作过程就像平时发送普通邮件一样，发电子邮件时将邮件投递到 SMTP 服务器（类似邮局的邮筒）上就不管了，剩下的工作由互联网的电子邮件系统完成；收信的时候只需要检查 POP3 服务器上的用户邮箱（类似家门口的信箱）中有没有新的邮件到达，有就把它取出来。这个邮箱不同于普通邮箱的是无论用户身处何地，只要能从互联网上连接到邮箱所在的 POP3 服务器，就可以收信。

使用电子邮件就要有一个电子邮箱，用户可以向 ISP 申请。电子邮箱实际上是在邮件服务器上为用户分配的一块存储空间，每个电子邮箱对应着一个邮箱地址（或叫邮件地址），其格式为：用户名@域名，其中用户名是用户申请电子邮箱时与 ISP 协商的一个字母或数字的组合，域名是 ISP 的邮件服务器。例如 hellen@263.net 和 zhangw642@public.wh.hb.cn 是两个 E-mail 地址。

目前主要有两种接收和发送电子邮件的方法：

（1）用邮箱直接收发邮件。

1）申请免费电子邮箱（E-mail）。

进入某一网站，如网易 http://www.163.com。

单击"注册网易免费邮箱"，选择"注册字母邮箱"选项（如图 6.5 所示），然后按照提示输入注册信息，如图 6.6 所示，也可以选择"注册手机号码邮箱"，注册成功后如图 6.7 所示。如果不用手机来验证，则跳过，直接进入邮箱，如图 6.8 所示。注意，一定要记住自己设置的用户名和密码，便于以后登录邮箱。

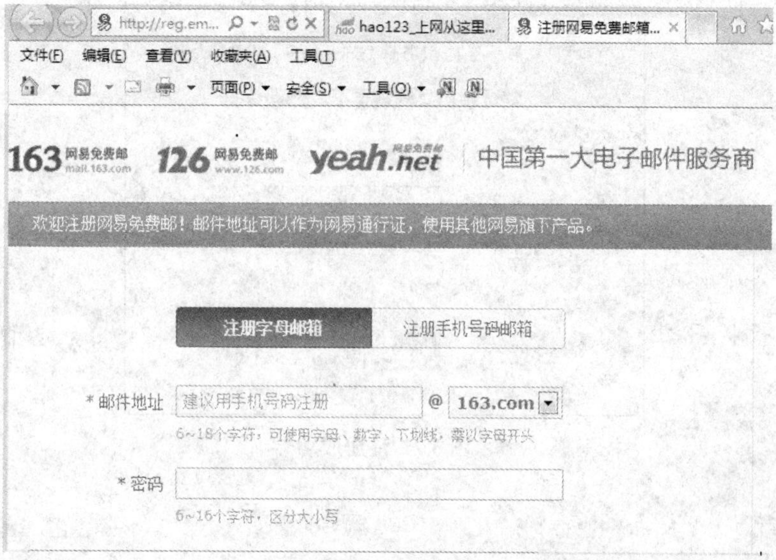

图 6.5　注册邮箱

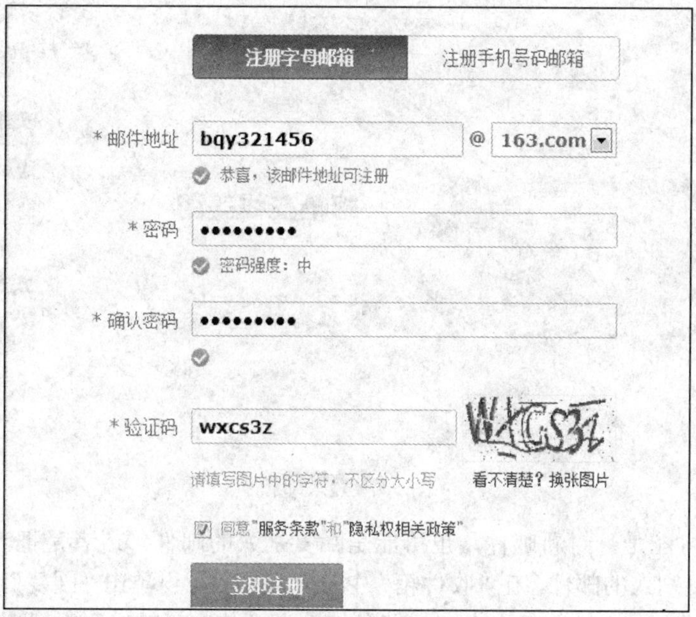

图 6.6　输入注册信息

2）利用邮箱收发邮件。

在图 6.8 所示的窗口中，单击"写信"按钮，可编写新邮件，如图 6.9 所示。在"收件人"栏中填写收件人的 E-mail 地址，在"主题"栏中最好也要填写恰当的主题内容，在"编辑区"中输入要发送的文字，最后单击"发送"按钮。如果想批量发送邮件，则收件人的 E-mail 地址之间用分号隔开。

在实际使用中，不仅要发送文字信息，有时还要发送诸如文本文件、图片、图像、声音、视频等信息，这就要用到"添加附件"功能，也就是在发送邮件的同时添加其他文件，操作方法是：在图 6.9 所示的窗口中单击"添加附件"按钮，然后选择要添加的文件。

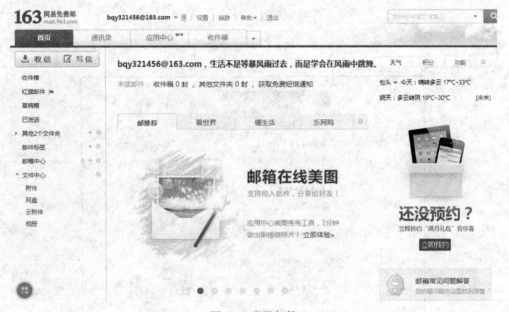

图 6.7　注册成功

图 6.8　登录邮箱

发送的邮件可能是一封新邮件，也可能是回复别人的邮件，或者是把当前选中的邮件转发给其他人。回复别人的邮件，在"收件箱"中打开该邮件，再单击"回复"，"收件人"和"主题"栏已自动填好，只需输入正文内容；转发邮件，则单击"转发"，填好相应的信息。

查收邮件的方法是打开"收件箱"，单击某一邮件进入阅读，同时也可以下载附件，还可以进行删除、移动等操作。用户也可以通过邮箱的其他文件夹进行各类相关操作，如"已发送"文件夹可以查看发送过的邮件。

（2）用 E-mail 软件收发邮件。

在拥有电子邮箱的基础上，常用 Outlook Express、Foxmail 等专用的软件来实现邮件收发。这里主要介绍 Outlook Express。

用 Outlook Express 收发邮件先要添加邮件账户，如图 6.10 所示，按提示完成账户设置即可。图 6.11 所示是写邮件窗口，图 6.12 所示是收件箱窗口。操作方法同前面所讲的发送邮件类似，不再详述。

图 6.9 写新邮件（发送邮件）

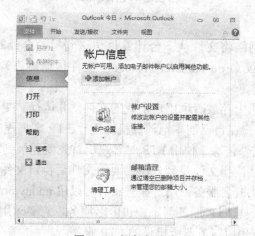

图 6.10 添加新账户

图 6.11 写邮件窗口

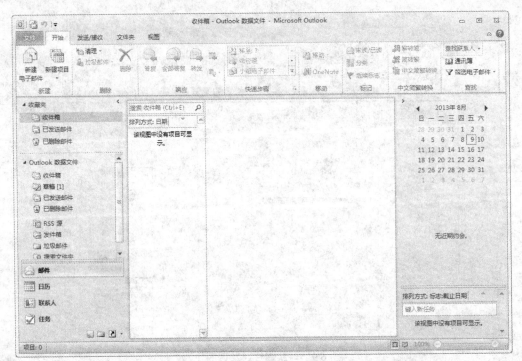

图 6.12　收件箱窗口

3．FTP

文件传输是指通过网络将文件从一台计算机传送到另一台计算机上。Internet 上的文件传输服务是基于 FTP 协议（File Transfer Protocol，文件传输协议）的，因此通常被称为 FTP 服务。

Internet 上的一些主机上存放着供用户下载的文件，并运行 FTP 服务程序（这样的计算机被称为 FTP 服务器），用户在自己的本地计算机上运行 FTP 客户程序，由 FTP 客户程序与服务程序协同工作来完成文件传输。使用 FTP 时客户机首先要登录到 FTP 服务器上，通过查看 FTP 文件服务器的目录结构和文件找到自己需要的文件后再将文件传输到自己的本地计算机上。一些 FTP 服务器提供匿名服务，用户在登录时可以用 anonymous 作为用户名，用自己的 E-mail 地址作为口令。一些 FTP 服务器不提供匿名服务，它要求用户在登录时提供自己的用户名和口令，否则就无法使用服务器所提供的 FTP 服务。

FTP 有上载和下载两种方式，上载是用户将本地计算机上的文件传输到 FTP 服务器上，下载是用户将文件服务器上提供的文件传输到本地计算机上。用户登录到 FTP 服务器上后可以看到根目录下的多个子目录，一般供用户上载文件的目录名称是 incoming，提供给用户下载文件的目录名称是 pub，而其他的目录用户可能只能看到一个空目录，或者虽然可以看到文件但不能对其进行任何操作。也有一些 FTP 服务器没有提供用户上载目录。

4．设置多个主页

在浏览网页时，常常需要转到不同的网页，用户可在 IE 浏览器中打开"Internet 选项"对话框，在"常规"选项卡里，在"主页"区域中输入要在启动浏览器时打开的网址，即可自行设置多个主页，如图 6.13 所示。"Internet 选项"对话框中还有其他一些选项卡及功能，在此不做详细介绍。

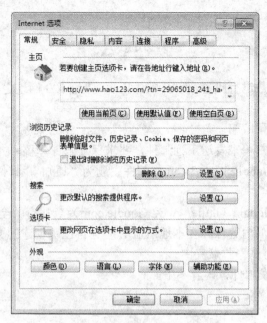

图 6.13　"Internet 选项"对话框

5. 使用和整理"收藏夹"

收藏夹用于存放用户经常访问的网址，只要单击收藏夹中已经存在的网址名称即可迅速打开该网页。在浏览网页的时候，可随时将自己喜爱的网页添加到收藏夹中，也可以按 **Ctrl+D** 组合键实现快速添加。但是由于在添加网址时没有分类，使得收藏夹里的内容很混乱，降低了收藏夹的使用效率，这时用户可以用"整理收藏夹"功能建立不同的文件夹，将网址链接分类存放，如图 6.14 所示。

图 6.14　"整理收藏夹"对话框

习题 6

1. 对 IE 浏览器的参数进行设置，使 IE 默认主页为"好 123 网址之家"（http://www.hao123. com）。

2. 申请一个免费电子邮箱。

3. 利用上面申请的邮箱来发送下列邮件，要求保存邮件草稿，并把收件人地址添加到地址簿：收件人邮箱地址为abc123@163.com；邮件主题为"通知"；邮件内容为"请于本周四到单位主楼 201 房间报到"。

4. 利用搜索引擎 Google（http://www. Google.com）查找有关全国计算机等级考试一级 MS 的资料，并将搜索到的内容保存在本地磁盘 E 中你自己所创建的文件夹下，同时把该网页添加到自己建的"等级考试"收藏夹中。

5. 利用 Outlook 收发邮件，内容不限。

附录 A 五笔字型输入法

一、汉字的基本结构

1. 汉字的三个层次

汉字的结构分三个层次：笔画、字根、单字。单字由基本字根组成，基本字根是由若干笔画复合连接、交叉形成的相对不变的结构组合，字根是组成汉字最重要、最基本的单位，笔画归纳为横、竖、撇、捺、折五类。

例如，"只"由"口"和"八"两个基本字根组成，"口"这个基本字根又是由"丨"（竖）、"乙"（折）、"一"（横）这三个基本笔画组成；"八"这个基本字根是由"丿"（撇）、"丶"（捺）这两个基本笔画组成。

2. 汉字的五种笔画

笔画的定义：在书写汉字时，不间断地一次连续写成的一个线段叫做汉字的笔画。

在只考虑笔画的运笔方向，而不计其长短轻重时，汉字的笔画分为五类：横、竖、撇、捺、折。为了便于记忆，依次用1、2、3、4、5作为代号，如附表 A.1 所示。

附表 A.1 五种笔画及其编码

代号	笔画名称	笔画走向	笔画及其变形
1	横	左→右	一
2	竖	上→下	丨 丿
3	撇	右上→左下	丿
4	捺	左上→右下	丶
5	折	带转折	乙 ㄱ ㄴ 弓 ㄋ ㄅ

为了使问题更加简单，对有些笔画作了特别的规定：

（1）由"现"是"王"字旁可知，提笔"ノ"应属于横"一"。

（2）由"村"是"木"字旁可知，点笔"丶"应属于捺"丶"。

（3）竖左钩属于竖，竖右钩属于折。

（4）其余一切带转折、拐弯的笔画，都归折"乙"类。

3. 基本字根

由笔画交叉、连接复合而形成的相对不变的结构在五笔字型中称为字根。字根优选的原则是将那种组字能力强，而且在日常汉语中出现次数多（使用频度高）的笔画结构选作为字根。根据这个原则，"五笔字型"输入法的创始人王永民先生共选定 130 个左右字根作为五笔字型的基本字根。任何一个汉字只能按统一规则拆分为基本字根的确定组合，不能按自己的意志产生多种拆分。

4. 字根间的结构关系

字根间的结构关系可以概括为单、散、连、交这四种类型。

（1）单：本身就可以单独作为汉字的字根，这在 130 个基本字根中占很大比重，有八九十个，如寸、土、米等。

（2）散：构成汉字不止一个字根，且字根间保持一定的距离，不相连也不相交，如汉、昌、苗、花等。

（3）连：指一个字根与一个单笔画相连。五笔字型中字根间的相连关系特指以下两种情况：

①单笔画与某基本字根相连。例如：

　　　　自　　　　且　　　　尺　　　　正　　　　下

（丨连目）（月连一）（尸连、）（一连止）（一连卜）

②带点结构，认为相连。如勺、术、太、主、义、头、斗。

这些字中点与另外的基本字根并不一定相连，其间可连可不连，可稍远可稍近。在五笔字型中把上述两种情况一律视为相连。这种规定有利于今后字型判定中的简化、明确。

另外，五笔字型中并不把以下字认为是字根相连得到的，如足、充、首、左、页；单笔画与基本字根间有明显距离者不认为相连，如个、少、么、旦、全。

（4）交：指两个或多个字根交叉重叠构成汉字。例如：

　　本——木交一　　　　　　里——日交土

　　申——日交丨　　　　　　必——心交丿

5. 汉字的三种字型结构

有些汉字，他们所含的字根相同，但字根之间关系不同。如下面几组汉字：

叭　只：两字都由字根"口、八"组成。

旭　旮：两字都由字根"九、日"组成。

为了区分这些字，使含相同字根的字不重码，还需要字型信息。字型是指汉字各部分间位置关系的类型。五笔字型法把汉字字型划分三类：左右型、上下型、杂合型。这些字型的代号分别是 1、2、3，如附表 A.2 所示。

附表 A.2　汉字的三种字型及代号

代号	字型	字例	特征
1	左右	汉 湘 结 封	字根之间可有间距，总体左右排列
2	上下	字 莫 花 华	字根之间可有间距，总体上下排列
3	杂合	困 凶 这 司 乘 本 年 天 果 申	字根之间虽有间距，但不分上下左右，浑然一体，不分块

①左右型汉字：如果一个汉字能分成有一定距离的左右两部分或左、中、右三部分，则这个汉字就称为左右型汉字。如汉、部、称、则等。

②上下型汉字：如果一个汉字能分成有一定距离的上下两部分或上、中、下三部分，则这个汉字称为上下型汉字。如字、定、分、意、花、想等。字型区分时，也用"能散不连"这个原则，矢、卡、严都视为上下型。

③杂合型汉字：如果组成一个汉字的各部分之间没有简单、明确的左右型或上下型关系，则这个汉字称为杂合型汉字。

内外型汉字一律视为杂合型，如团、同、这、边、困、匦等汉字，各部分之间的关系是包围与半包围的关系，一律视为杂合型。

一个基本字根连一个单笔画视为杂合型。如自、千、尺、且、午等。

一个基本字根之前或之后的孤立点视为杂合型汉字。如勺、术、太、主等。

几个基本字根交叉重叠之后构成的汉字视为杂合型。如申、里、半、东、串、电等。下含"走之"的汉字为杂合型，如进、逞、远、过。

二、五笔字型键盘设计

1. 字根键盘

130 个基本字根字排在英文键盘上，形成了"字根键盘"。五笔字型在键盘上安排字根的方式是：

①区位号：将英文键盘上的 A～Y 共 25 个键分成五个区，区号为 1～5；每区 5 个键，每个键称为一个位，位号为 1～5。如果将每个键的区号作为第一个数字，位号作为第二个数字，那么用两位数字就可以表示一个键，这就是我们所说的"区位号"。

②分五类：将 130 个基本字根按首笔画并兼顾键位设计的需要划分为五大类，每大类各对应键盘上的一个区；每一大类又分作五小类，每小类各对应相应区内的一个位。这样，用一个键的区位号或字母就可以表示键对应的一小类基本字根。

2. 五笔字型字根的键位特征

五笔字型的设计力求有规律、不杂乱，尽量使同一键上的字根在形、音、义方面能产生联想，这有助于记忆，便于迅速熟练掌握。键位有以下的规律性：

①字根首笔笔画代号和所在的区号一致。

②除字根的首笔代号与其所在的"区号"保持一致外，相当一部分字根的第二笔代号还与其"位号"保持一致。

例如王、戈，他们的第一笔为横，代号 1 与区号一致；第二笔也是横，代号仍为 1，与其位号一致，因此这些字根的区位号或字根代码为 11（G）。

又如文、方、广，他们的首笔是捺（点），代号为 4，次笔是横，代号为 1，所以他们的区位码或字根代码为 41（Y）。

③与键名字根形态相近。如"王"字键上有"五"等字根，"日"字键上有"曰"和"虫"等字根。

④键位代码还表示了组成字根的单笔画的种类和数目，即位号与各键位上的复合散笔字根的笔画数目保持一致。

例如，点的代号为 4，那么 41 代表一个点"丶"，42 代表两个点"冫"，43 代表三个点"氵"，44 代表四个点"灬"等。依此类推，一个横"一"一定在 11 键位上，两个横"二"一定在 12 键上，三个横"三"一定在 13 键上。竖、撇、折仍然保持这个规律。

⑤例外，笔画特征与所在区、位号不相符合，同时与其他字根间又缺乏联想性，对这类字根的记忆一方面要借助字根助记词来加以记忆，另一方面要特别用心去记住他。例如车、力、耳、几、心等汉字。

五笔字型键盘字根总图是五笔字型汉字编码方案的"联络图"。掌握了以上五大特点，再熟悉五笔字型字根助记词后，整个字根键位表是比较容易记住的。

三、五笔字型汉字输入规则

1. 编码规则

单字的五笔字型输入编码口诀如下：

　　　　五笔字型均直观，依照笔顺把码编；键名汉字打四下，基本字根请照搬；

　　　　一二三末取四码，顺序拆分大优先；不足四码要注意，交叉识别补后边。

口诀中包括了以下原则：

①取码顺序，依照从左到右，从上到下，从外到内的书写顺序。

②键名汉字编码为所在键字母连写四次。

③字根数为四或大于四时，按一、二、三、末字根顺序取四码。

④不足四个字根时，打完字根编码后，把交叉识别码补于其后。

⑤口诀中"基本字根请照搬"句和"顺序拆分大优先"是拆出笔画最多的字根，或者拆分出的字根数要尽量少。

2. 键名字根汉字的输入原则

除了 Z 键之外，其他 25 个英文字母键上各分配有一个汉字，这 25 个汉字就称为键名汉字：

　　　　王土大木工，目日口田山，禾白月人金，言立水火之，已子女又乡

键名汉字输入规则为：连击所在键（键名码）四下。例如：

　　　　"王"字编码为：GGGG

　　　　"口"字编码为：KKKK

3. 成字字根汉字的输入原则

在 130 个基本字根中，除 25 个键名字根外，还有几十个字根本身可单独作为汉字，这些字根称为成字字根，由成字字根单独构成的汉字称为成字字根汉字。键名汉字和成字字根汉字合称为键名字，成字字根汉字的输入规则为：

　　　　键名码+首笔码+次笔码+末笔码

其中首笔码、次笔码和末笔码不是按字根取码，而是按单笔画取码，横、竖、撇、捺、折五种单笔画取码如下：

　　　　横　竖　撇　捺　折

　　　　G　H　T　Y　N

例如"竹"的编码为 TTGH（键名码为 T，第一笔画" 丿 "对应 T，第二笔画"一"对应 G，末笔画"|"对应 H）。

当成字字根仅为两笔时，只有三码，最后需要补一空格。例如：

　　　　辛：UYGH　　　　力：LTN[空]

　　　　雨：FGHY　　　　干：FGGH

4. 单笔画汉字的输入原则

单笔画横和汉字数码"一"及汉字"乙"都是只有一笔的成字字根，用上述规则不能概括，而单笔画有时也需要单独使用，特别规定五个笔画的编码如下：

　　一：GGLL　　 |：HHLL　　 丿：TTLL　　 、：YYLL　　 乙：NNLL

编码的前两码可视为和前述规则有统一性，第一码为键名码，第二码为首笔码。因无其他笔画，补打两次 L 键。

5. 字根数大于或等于 4 个的键外字的输入规则

键面字以外的汉字称为键外字，键外字占汉字中的绝大多数。首先按拆分原则将这类字按书写顺序拆分成字根，再按输入规则编码。其输入规则为：

第一字根码+第二字根码+第三字根码+末字根码

附表 A.3 中给出了两个例子。

附表 A.3　字根数大于或等于 4 个的键外字的输入

汉字	拆分字根	编码
型	一 艹 刂 土	GAJF
续	纟 十 乙 冫 大	XFND

6. 字根数小于 4 个的键外字的输入规则

字根数小于 4 个的键外字的输入规则大体可以表述为：

第一字根码+第二字根码+第三字根码+末笔字型交叉识别码

即不足四码补充一个末笔字型交叉识别码。

（1）末笔字型交叉识别码。

键外字其字根不足四个码时，依次输入字根码后，再补一个识别码。识别码由末笔画的类型编号和字型编号组成，故称为末笔字型交叉识别码。识别码为两位数字，第一位是末笔画类型编号，第二位是字型代码，把识别码看成为一个键的区位码，便得到交叉识别字母码，如附表 A.4 所示。

附表 A.4　末笔字型交叉识别码

末笔	左右型	上下型	杂合型
横 1	11G	12F	13D
竖 2	21H	22J	23K
撇 3	31T	32R	33E
捺 4	41Y	42U	43I
折 5	51N	52B	53V

附表 A.5 所示是应用末笔字型交叉识别码的两个实例。

附表 A.5　应用末笔字型交叉识别码的两个实例

汉字	拆分字根	字根码	识别码	编码
析	木 斤	SR	H	SRH
灭	一 火	GO	I	GOI

加识别码后仍不足四码时，按空格键结束。

（2）关于末笔画的规定。

末字根为力、刀、九、七等时一律认为末笔画为折（即右下角伸得最长远的笔画）。例如：

仇：WVN　　　化：WXN

所有包围型汉字中的末笔规定取被包围的那一部分笔画结构的末笔。例如"国"，其末笔应取"丶"，识别码为 43（I）。

不以"走之"部分后的末笔为整个字的末笔来构造识别码，例如进、逞、远的识别码应为 23（K）、13（D）、53（V）。

四、五笔字型简码输入规则

为了提高录入速度，五笔字型编码方案还将大量常用汉字的编码进行简化。经过简化以后，只取汉字全码的前一个、前二个或前三个字根编码输入，称为简码输入。根据汉字的使用频率高低，简码汉字分为一级简码、二级简码和三级简码。

1. 一级简码

根据每键位上的字根形态特征，在 5 个区的 25 个位上，每键安排了一个使用频率最高的汉字，称为一级简码，即常用的 25 个高频字：

　　一地在要工，上是中国同，和的有人我，主产不为这，民了发以经

这类字的输入规则是：[所在键]+[空格]。例如：

　　"地"字编码为：F[空格]

　　"中"字编码为：K[空格]

2. 二级简码

五笔字型将汉字频率表中排在前面的常用字称为二级简码汉字，共 625 个汉字。

输入规则是：该字的前两码+[空格]。例如：

　　"于"字编码为：GF[空格]

　　"五"字编码为：GG[空格]

3. 三级简码

三级简码字母与单字全码的前三个相同，但用空格代替了末字根或识别码。所以简码的设计不但减少了击键次数，而且省去了部分汉字的"识别码"的判断和编码，给使用带来了很大方便。三级简码有 4400 个左右。

输入规则是：该字前三个字根编码+[空格]。例如：

　　"黛"字编码为：WAL[空格]

　　"带"字编码为：GKP[空格]

例如，"经"字有四种输入方法：

　　经（X[空格]）　　经（XC[空格]）　　经（XCA[空格]）　　经（XCAG）

全部简码占常用汉字的绝大多数，在实际录入汉字时，若能记住哪些字有简码，则能大大提高输入速度；若记不住，可按全码的输入规则输入汉字。

五、五笔字型词组输入规则

为了提高录入速度，五笔字型里还可以用常见的词组来输入。"词组"指由两个及两个以上汉字构成的汉字串。这些词组有二字词组、三字词组、四字词组和多字词组。输入词组时与输入汉字单字时一样可直接击入编码，不需要另外的键盘操作转换，这就是所谓的"字词兼容"。

1. 二字词组

输入规则是：每字取其全码的前两码组成四码。例如：

　　机器　　木几口口　　　SMKK

　　中国　　口｜口王　　　KHLG

2. 三字词组

输入规则是：前两个字各取其前一码，最后一字取其前两码组成四码。例如：

计算机	讠竹木几	**YTSM**
大部分	大立八刀	**DUWV**

3. 四字词组

输入规则是：每个字各取全码中的第一码组成四码。例如：

绝大多数	纟大夕米	**XDQO**
披肝沥胆	扌月氵月	**REIE**

4. 多字词组

输入规则是：取第一、二、三、末字的首码组成四码。例如：

中国共产党	口口卄ⅳ	**KLAI**
中华人民共和国	口亻人口	**KWWL**

六、重码、容错码和学习键

1. 重码的处理

在五笔字型中，把有相同编码的字叫"重码字"。对重码字用屏幕编号显示的办法，让用户按主键盘最上排的数码键选择所用的汉字。如键入 FCU 即显示：

　　　1 去　　　2 云

如需要选用 1 号字"去"，就不必挑选，只管输入下文，1 号字"去"就会自动显示到当前光标所在的位置上来；如需要选用 2 号字"云"，可键入数字键 2。

2. 容错码的处理

对容易弄错编码的字和允许搞错编码的字，允许按错码输入，叫做"容错码"。容错码的汉字有 500 个左右。有容错码的汉字主要有以下特点：

① 个别汉字的书写顺序因人而异，拆分顺序容易弄错。如"长"字有以下四种编码：

长：丿七丶　　编码为 TAYI，正确码　　长：丿一乙丶　　编码为 TGNY，容错码
长：七丿丶　　编码为 ATYI，容错码　　长：一丨丿丶　　编码为 GHTY，容错码

又如"秉"有以下两种编码：

秉：丿一彐小　　　编码为 TGVI，正确码
秉：禾彐　　　　　编码为 TVI[空]，容错码

② 字型容错。个别汉字的字型分类不易确定，为其设计有容错码。例如：

占：卜口　　12　　编码为 HKF[空]，正确码
占：卜口　　13　　编码为 HKD[空]，容错码
右：ナ口　　12　　编码为 DKF[空]，正确码
右：ナ口　　13　　编码为 DKD[空]，容错码

3. 万能学习键

Z 键，称为万能学习键，它起两个作用：

① 代替识别码。如果一时不能写出某个汉字的识别码，可用 Z 键代替。如不知道"个"的识别码时，若打入 WHZ[空]，此时提示行显示出：

　　　1 个 WHJ　　2 候 WHND　　3 俱 WHWY　　4 仆 WHY　　5 企 WHF

这时，键入数字键 1 即可把"个"插入到当前编辑位置。

② 代替用户一时记不清或分解不准的任何字根，并通过提示行使用户知道 Z 键对应的键位或字根。例如，当记不清"薪"的第三个字根的编码时，可以击 ASZ[空]，这时提示行显示出：

1 笨 ASG　2 苛 AS　3 蘸　ASGO　4 茜　ASF　5 薪　ASR

键入数字 5，即可把"薪"调到正常编辑的位置上。

值得注意的是，对以上的输入法提示行其内容是不确定的。根据输入法的不同，会出现不同的可选项。

在练习过程中，如果对某个汉字的拆分不熟悉或对识别码不熟悉，都可以通过已熟悉的字根加上 Z 键来学习。当然，用 Z 键时，自然会增加重码，增加选择时间，所以希望用户能尽早记住字根和五笔字型编码方案，多做练习，少用或不用 Z 键。

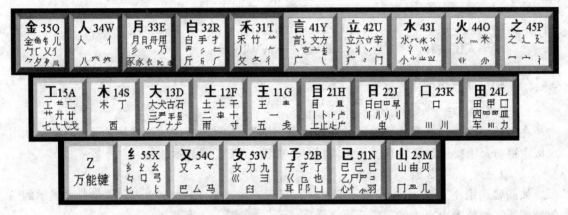

一区	二区	三区	四区	五区
11（G）王旁青头戋（兼）五一	21（H）目具上止卜虎皮	31（T）禾竹一撇双人立 反文条头共三一	41（Y）言文方广在四一 高头一捺谁人去	51（N）已半巳满不出己 左框折尸心和羽
12（F）土士二干十寸雨。	22（J）日早两竖与虫依	32（R）白手看头三二斤	42（U）立辛两点六门	52（B）子耳了也框向上
13（D）大犬三羊古石厂	23（K）口与川，字根稀	33（E）月彡（衫）乃用家衣底	43（I）水旁兴头小倒立	53（V）女刀九白山朝西
14（S）木丁西	24（L）田甲方框四车力	34（W）人和八，三四里	44（O）火业头，四点米	54（C）又巴马，丢矢矣
15（A）工戈草头右框七	25（M）山由贝，下框几	35（Q）金勹缺点无尾鱼，犬旁留 叉儿一点夕，氏无七（妻）	45（P）之字军盖建道底 摘礻（示）衤（衣）	55（X）慈母无心弓和匕 幼无力

五笔字型键盘字根总图及助记词

附录 B 常用字符 ASCII 码表

ASCII 值 （十进制）	控制 字符	ASCII 值 （十进制）	字符	ASCII 值 （十进制）	字符	ASCII 值 （十进制）	字符
0	NUL	32	SPA	64	@	96	`
1	SOH	33	!	65	A	97	a
2	STX	34	"	66	B	98	b
3	ETX	35	#	67	C	99	c
4	EQT	36	$	68	D	100	d
5	ENQ	37	%	69	E	101	e
6	ACK	38	&	70	F	102	f
7	BEL	39	'	71	G	103	g
8	BS	40	(	72	H	104	h
9	HT	41	)	73	I	105	i
10	LF	42	*	74	J	106	j
11	VT	43	+	75	K	107	k
12	FF	44	,	76	L	108	l
13	CR	45	-	77	M	109	m
14	SO	46	.	78	N	110	n
15	SI	47	/	79	O	111	o
16	DLE	48	0	80	P	112	p
17	DC1	49	1	81	Q	113	q
18	DC2	50	2	82	R	114	r
19	DC3	51	3	83	S	115	s
20	DC4	52	4	84	T	116	t
21	NAK	53	5	85	U	117	u
22	SYN	54	6	86	V	118	v
23	ETB	55	7	87	W	119	w
24	CAN	56	8	88	X	120	x
25	EM	57	9	89	Y	121	y
26	SUB	58	:	90	Z	122	z
27	ESC	59	;	91	[	123	{
28	FS	60	<	92	\	124		
29	GS	61	=	93	]	125	}
30	RS	62	>	94	^	126	~
31	US	63	?	95	_	127	DEL

参考文献

[1] 冉崇善，白涛，刘晓云，殷锋社．计算机应用基础（第三版）．西安：西安电子科技大学
     出版社，2005.

[2] 张子泉，张建华．计算机文化基础．北京：北京交通大学出版社，2006.

[3] 齐景嘉，刘爱青．计算机应用基础及其实训案例教程．北京：北京交通大学出版社，2006.

[4] 易著梁，杨平华，黄中友．计算机应用基础教程．北京：地质出版社，2007.

[5] 王洪香，王萍，计算机信息技术基础与实训教程．北京：中国人民大学出版社，2011.

[6] 应红霞，郑山红．计算机应用技术基础．北京：中国人民大学出版社，2012.

[7] 靳广斌．现代办公自动化教程．北京：中国人民大学出版社，2012.